国家重点建设冶金技术专业高等职业教学改革成果系列教材

烧结矿与球团矿生产

主　编　彭志强　糜晓萍
副主编　陈建华

北　京
冶金工业出版社
2023

内 容 提 要

本书阐述了烧结矿与球团矿的工艺流程，重点介绍了混合料烧结工艺和球团矿生产工艺，内容主要包括：烧结混合料的制备、混合料的烧结、烧结矿处理、球团配料及造球、球团焙烧和产品质量检验与鉴定及环境保护的新进展。内容全面详实，新颖实用。

本书可作为高职、中职院校钢铁冶金技术专业的教材，也可作为钢铁企业在职人员的培训教材。

图书在版编目(CIP)数据

烧结矿与球团矿生产/彭志强，糜晓萍主编. —北京：冶金工业出版社，2016.4（2023.1 重印）

国家重点建设冶金技术专业高等职业教学改革成果系列教材

ISBN 978-7-5024-7215-3

Ⅰ.①烧… Ⅱ.①彭… ②糜… Ⅲ.①烧结矿—生产工艺—高等职业教育—教材 ②球团矿—生产工艺—高等职业教育—教材 Ⅳ.①TF046.6

中国版本图书馆 CIP 数据核字（2016）第 071857 号

烧结矿与球团矿生产

出版发行	冶金工业出版社	电　话	（010）64027926
地　址	北京市东城区嵩祝院北巷 39 号	邮　编	100009
网　址	www.mip1953.com	电子信箱	service@mip1953.com

责任编辑　杜婷婷　美术编辑　彭子赫　版式设计　孙跃红
责任校对　李　娜　责任印制　窦　唯

三河市双峰印刷装订有限公司印刷
2016 年 4 月第 1 版，2023 年 1 月第 6 次印刷
787mm×1092mm 1/16；10.75 印张；259 千字；159 页
定价 37.00 元

投稿电话　（010）64027932　投稿信箱　tougao@cnmip.com.cn
营销中心电话　（010）64044283
冶金工业出版社天猫旗舰店　yjgycbs.tmall.com
（本书如有印装质量问题，本社营销中心负责退换）

编写委员会

主　任　谢赞忠
副主任　刘辉杰　李茂旺
委　员

江西冶金职业技术学院	谢赞忠	李茂旺	宋永清	阮红萍
	潘有崇	杨建华	张　洁	邓沪东
	龚令根	李宇剑	欧阳小缨	肖晓光
	任淑萍	罗莉萍	胡秋芳	朱润华
新钢技术中心	刘辉杰	侯　兴		
新钢烧结厂	陈伍烈	彭志强		
新钢第一炼铁厂	傅曙光	古勇合		
新钢第二炼铁厂	陈建华	伍　强		
新钢第一炼钢厂	付　军	邹建华		
新钢第二炼钢厂	罗仁辉	吕瑞国	张邹华	
冶金工业出版社	刘小峰	屈文焱		

顾　问　　　　　皮　霞　熊上东

前　言

自 2011 年起江西冶金职业技术学院启动钢铁冶金专业建设以来，先后开展了"国家中等职业教育改革发展示范学校建设计划"项目钢铁冶炼重点支持专业建设；中央财政支持"高等职业学校提升专业服务产业发展能力"项目冶金技术重点专业建设；省财政支持"重点建设江西省高等教育专业技能实训中心"项目现代钢铁生产实训中心建设，并开展了现代学徒试点。与新余钢铁集团有限公司人力资源处、技术中心以及下属 5 家二级单位进行有效合作。按照基于职业岗位工作过程的"岗位能力主导型"课程体系的要求，改革传统教学内容，实现"四结合"，即"教学内容与岗位能力""教室与实训场所""专职教师与兼职老师（师傅）""顶岗实习与工作岗位"结合，突出教学过程的实践性、开放性和职业性，实现学生校内学习与实际工作相一致。

按照钢铁冶炼生产工艺流程，对应烧结与球团生产、炼铁生产、炼钢生产、炉外精炼生产、连续铸钢生产各岗位在素质、知识、技能等方面的需求，按照贴近企业生产，突出技术应用，理论上适度、够用的原则，校企合作建设"烧结矿与球团矿生产""高炉炼铁""炼钢生产""炉外精炼""连续铸钢生产"5 门优质核心课程。

依据专业建设、课程建设成果我们编写了《烧结矿与球团矿生产》《高炉炼铁》《炼钢生产》《炉外精炼》《连续铸钢》以及相配套的实训指导书系列教材，适用于职业院校钢铁冶炼、冶金技术专业、企业员工培训使用，也可作为冶金企业钢铁冶炼各岗位技术人员、操作人员的参考书。

本系列教材以国家职业技能标准为依据，以学生的职业能力培养为核心，以职业岗位工作过程分析典型的工作任务，设计学习情境。以工作过程为导向，设计学习单元，突出岗位工作要求，每个学习情境的教学过程都是一个完整的工作过程，结束了一个学习情境即是完成了一个工作项目。通过完成所有项目（学习情境）的学习，学生即可达到钢铁冶炼各岗位对技能的要求。

本系列教材由宋永清设计课程框架。在编写过程中得到江西冶金职业技术学院领导和新余钢铁集团有限公司领导的大力支持，新余钢铁集团人力资源处组织其技术中心以及5家生产单位的工程技术人员、生产骨干参与编写工作并提供大量生产技术资料，在此对他们的支持表示衷心感谢！

由于编者水平所限，书中不足之处，敬请读者批评指正。

江西冶金职业技术学院教务处　**宋永清**
2016 年 2 月

目 录

学习情境 1　烧结混合料的制备 …………………………………………………………… 1

任务 1.1　烧结原料的准备 …………………………………………………………… 1
　　1.1.1　铁矿石 …………………………………………………………………… 1
　　1.1.2　铁矿石的评价 …………………………………………………………… 4
　　1.1.3　熔剂 ……………………………………………………………………… 5
　　1.1.4　燃料 ……………………………………………………………………… 7
　　1.1.5　烧结原料及其要求 ……………………………………………………… 10
　　1.1.6　烧结原料的准备 ………………………………………………………… 10

任务 1.2　配料 ………………………………………………………………………… 11
　　1.2.1　配料的目的和要求 ……………………………………………………… 12
　　1.2.2　配料方法和设备 ………………………………………………………… 12
　　1.2.3　配料计算 ………………………………………………………………… 15

任务 1.3　烧结料混合与制粒 ………………………………………………………… 16
　　1.3.1　烧结料混合的目的 ……………………………………………………… 16
　　1.3.2　混合设备 ………………………………………………………………… 17
　　1.3.3　混匀与制粒的方法 ……………………………………………………… 18

小结 ………………………………………………………………………………………… 18
思考题 ……………………………………………………………………………………… 19

学习情境 2　混合料的烧结 ……………………………………………………………… 20

任务 2.1　布料 ………………………………………………………………………… 21
　　2.1.1　铺底料 …………………………………………………………………… 21
　　2.1.2　布混合料 ………………………………………………………………… 21

任务 2.2　点火 ………………………………………………………………………… 23
　　2.2.1　点火温度 ………………………………………………………………… 24
　　2.2.2　点火时间 ………………………………………………………………… 24
　　2.2.3　点火热量 ………………………………………………………………… 24
　　2.2.4　点火深度 ………………………………………………………………… 25
　　2.2.5　点火真空度 ……………………………………………………………… 25
　　2.2.6　点火废气含氧量 ………………………………………………………… 25

任务 2.3	带式抽风烧结	26
2.3.1	抽风烧结过程概述	26
2.3.2	燃料的燃烧与热交换	28
2.3.3	烧结料层中的气流运动	37
2.3.4	水分的蒸发、分解与冷凝	45
2.3.5	碳酸盐分解及氧化钙的矿化作用	48
2.3.6	烧结过程中金属氧化物的分解、还原与氧化	51
2.3.7	固相之间的反应	55
2.3.8	液相生成与冷却结晶	60
2.3.9	烧结矿的矿物组成、结构及其对品质的影响	69
2.3.10	烧结风量和负压	77
2.3.11	料层厚度与机速	78
2.3.12	烧结终点判断与控制	79

任务 2.4	强化烧结	80
2.4.1	加强烧结料原料准备，改善料层透气性	80
2.4.2	采用大风量、高负压烧结，并减少漏风损失，增大有效风量	86
2.4.3	采用厚料层烧结	88
2.4.4	其他新工艺新技术的采用	88

任务 2.5	烧结节能降耗	93
2.5.1	降低固体燃料消耗	93
2.5.2	减少烧结机漏风率，降低抽风电耗	94
2.5.3	改进点火技术，降低点火燃耗	95
2.5.4	积极推广余热利用技术回收三次能源	96
2.5.5	烧结工艺节能	97

小结 ... 98
思考题 ... 99

学习情境 3	烧结矿处理	100
任务 3.1	烧结矿的冷却	100
任务 3.2	烧结矿的整粒	101

小结 ... 103
思考题 ... 103

学习情境 4	球团配料及造球	104
任务 4.1	球团原料及其准备	104
4.1.1	含铁原料	104

4.1.2	黏结剂与添加剂	105
4.1.3	配料	106
任务 4.2	混合与干燥	107
4.2.1	圆筒混料机	107
4.2.2	双轴搅拌机	107
4.2.3	轮式混料机	107
任务 4.3	造球	108
小结		110
思考题		110

学习情境 5 球团焙烧 ………… 111

任务 5.1	布料	111
任务 5.2	生球的干燥与预热	112
5.2.1	生球的干燥	112
5.2.2	球团的预热	116
任务 5.3	球团的固结与焙烧	118
5.3.1	球团固结机理	118
5.3.2	影响球团矿焙烧固结的因素	121
任务 5.4	链箅机—回转窑焙烧	127
5.4.1	工艺	127
5.4.2	设备	129
任务 5.5	带式焙烧	130
5.5.1	烧结机本体	131
5.5.2	带式焙烧机	137
任务 5.6	竖炉焙烧	141
小结		142
思考题		142

学习情境 6 产品质量检验与鉴定及环境保护 ………… 143

任务 6.1	烧结矿的质量指标与检验	143
6.1.1	烧结矿化学成分及其稳定性	143
6.1.2	转鼓指数	144
6.1.3	粒度组成与筛分指数	145
6.1.4	落下强度	146
6.1.5	还原性	147
6.1.6	低温还原粉化性	149

6.1.7 高温软化与熔滴性能 ……………………………………………………… 151
任务 6.2 **生球和球团矿质量检验** …………………………………………………… 152
  6.2.1 生球质量的检验 …………………………………………………………… 152
  6.2.2 球团矿质量指标与检验 …………………………………………………… 154
任务 6.3 **烟气净化** ………………………………………………………………… 156
  6.3.1 烧结与球团生产废气及其对环境的影响 ………………………………… 156
  6.3.2 生产废气的治理与综合利用 ……………………………………………… 157
小结 ……………………………………………………………………………………… 158
思考题 …………………………………………………………………………………… 158

参考文献 ……………………………………………………………………………… 159

学习情境 1

烧结混合料的制备

学习任务：

（1）本情境以铁矿石、熔剂、固体燃料为载体，学习正确地进行原料的接受、贮存、中和混匀、破碎、筛分等各项准备工作；

（2）知道烧结配料的目的、要求及配料方法并会进行简单的配料计算；

（3）以混合制粒设备、混合制粒的基本理论为载体，学习混合料的操作。

任务 1.1 烧结原料的准备

将各种粉状含铁原料，按要求配入一定数量的燃料和熔剂，均匀混合制粒后布到烧结设备上点火烧结，在燃料燃烧产生高温和一系列物理化学反应作用下，混合料中部分易熔物质发生软化、熔化，产生一定数量的液相，液相物质润湿其他未熔化的矿石颗粒；随着温度的降低，液相物质将矿粉颗粒黏结成块，这个过程称为烧结，所得的块矿叫烧结矿。

目前，生产人造富矿的方法主要有烧结法和焙烧球团法。由于烧结矿和球团矿都是经过高温制成的，因此又统称为熟料。

高炉冶炼过程中，为了保证料柱的透气性良好，要求炉料粒度均匀，粉末少，机械强度高。为了降低高炉焦比，要求炉料含铁品位高，有害杂质少，且具有自熔性和良好的还原性能。采用烧结方法后，上述要求几乎能全部达到。

贫矿经过选矿后所得到的细粒精矿，天然富矿在开采过程中和破碎分级过程中所产生的粉矿，都必须经过烧结成块后才能进入高炉。含碳酸盐和结晶水较多的矿石，经过破碎进行烧结，可以除去挥发分而使铁富集。某些难还原的矿石，或还原期间容易破碎或膨胀的矿石，经过烧结可以变成还原性良好的热稳定性高的炉料。

铁矿石中的某些有害元素，如硫、氟、钾、钠、铅、锌、砷等，都可以在烧结过程中大部分去除或回收利用。通过烧结过程，可以利用工业生产中的副产品，如高炉炉尘、转炉炉尘、轧钢皮、硫酸渣等，使其变废为宝，合理利用资源，降低生产成本，并可净化环境。

生产实践证明，使用烧结矿和球团矿之后，高炉冶炼可以达到高产、优质、低耗、长寿的目的。

1.1.1 铁矿石

烧结生产使用部分富铁矿粉，不宜直接使用贫铁矿石，但贫铁矿石是选取精矿粉的原料,因此,铁矿石的种类、品质对烧结生产十分重要。自然界中含铁矿物很多,但能利用的只有20余种,其中主要是磁铁矿石、赤铁矿石、褐铁矿石和菱铁矿石四种类型。

1.1.1.1 磁铁矿石

磁铁矿石俗称黑矿,含有的主要矿物为磁铁矿,其化学式为Fe_3O_4,也可看作$FeO \cdot Fe_2O_3$,其中Fe_2O_3占69%,FeO占31%,理论含铁量为72.4%。磁铁矿石具有强磁性,晶体呈八面体,组织结构致密坚实,它的外颜色和条痕色均为黑色,半金属光泽,密度为$4.9 \sim 5.2 t/m^3$,硬度$5.5 \sim 6.5$,无解理。脉石主要成分为石英、硅酸盐、碳酸盐,还原性差,含有害杂质磷、硫较高。这种矿石有时含有TiO_2及V_2O_5组成复合矿石,分别称钛磁铁矿和钒钛磁铁矿。在自然界中纯磁铁矿很少,常常由于地表氧化作用使部分磁铁矿转变为半假象赤铁矿和假象赤铁矿。所谓假象赤铁矿,就是磁铁矿氧化成赤铁矿,但仍保留原来磁铁矿外形,所以叫假象赤铁矿。

为衡量铁矿的氧化程度,通常用磁性率来表示,即用$w(Fe)/w(FeO)$比值(磁性率)来分类:

$$\frac{w(Fe_全)}{w(FeO)} = \frac{72.4\%}{31\%} = 2.33 \quad \text{纯磁铁矿矿石}$$

$$\frac{w(Fe_全)}{w(FeO)} < 3.50 \quad \text{磁铁矿矿石}$$

$$\frac{w(Fe_全)}{w(FeO)} = 3.5 \sim 7.0 \quad \text{半假象赤铁矿矿石}$$

$$\frac{w(Fe_全)}{w(FeO)} > 7.0 \quad \text{假象赤铁矿矿石}$$

式中 $w(Fe_全)$——矿石中全铁含量,%;

$w(FeO)$——矿石中FeO含量,%。

一般开采出来的磁铁矿石含铁量为30%~60%,当含铁量大于45%,粒度大于10mm时,可供炼铁厂使用,粒度小于10mm的作烧结原料。当含铁量低于45%,或有害杂质含量超过规定时,必须经过选矿处理,通常采用磁选法,所得到的高品位磁选精矿是烧结矿的主要原料。

1.1.1.2 赤铁矿

赤铁矿俗称红矿,为无水氧化铁矿石,化学式为Fe_2O_3,理论含铁量70%,这种矿石在自然界中常成巨大矿床,从埋藏量和开采量来说,它都是工业生产的主要矿石品种。

赤铁矿的组织结构是多种多样的,从非常致密的结晶组织到很松散的粉状,赤铁矿根据其表面形态及物理性质的不同可分以下几种:

(1)晶形多为片状和板状,片状表现有金属光泽,明亮如镜的叫镜矿石。

(2)外表呈细小片状的叫云母赤铁矿。

(3)红色粉末状,没有光泽的叫红土状赤铁矿。

(4)外表形状像鱼子、一粒一粒粘在一起的集合体,称为鱼子状、鲕状、肾状赤铁矿。

结晶的赤铁矿外表颜色为钢灰色和铁黑色,其他为暗红色,但条痕均为暗红色。

赤铁矿有原生的,也有再生的,再生的赤铁矿是磁铁矿经过氧化后失去磁性,但仍保存着磁铁矿结晶形状的假象赤铁矿。在假象赤铁矿中经常含有一些残余的磁铁矿,有时赤铁矿中也含有一些赤铁矿的风化产物,如褐铁矿($2Fe_2O_3·3H_2O$)。

赤铁矿具有半金属光泽,密度为 $4.8 \sim 5.3 t/m^3$,硬度则不一样,结晶赤铁矿硬度为 $5.5 \sim 6.0$;土状和粉末状赤铁矿硬度很低,无解理,仅有弱磁性,较磁铁矿易还原和破碎。赤铁矿石有害杂质硫、磷、砷较磁铁矿石、褐铁矿石少,冶金性能也比它们优越。赤铁矿主要脉石分别为 SiO_2、Al_2O_3、CaO、MgO 等。

赤铁矿石在自然界中大量存在,但纯净的较少,常与磁铁矿、褐铁矿共生。实际开采出来的赤铁矿含铁量在 $40\% \sim 60\%$,含铁量大于 40%、粒度小于 $10mm$ 的粉矿作为烧结原料。一般来说,当含铁量小于 40% 或含有杂质过多时,须经选矿处理。一般采用重选法、磁化焙烧-磁选法、浮选法,或采用联合流程来处理,处理后获得的高品位赤铁精矿作为烧结原料。

1.1.1.3 褐铁矿

褐铁矿是含水氧化铁矿石,是由其他矿石风化后生成的,在自然界中分布很广,但埋藏量大的并不多见,其化学式为 $nFe_2O_3·mH_2O(n=1\sim3, m=1\sim4)$。从分子式中可以看出铁氧化的水化程度,也就是说与氧化铁成化合状态存在的结晶水的数量是不同的。按结晶水含量及生成情况和外形的不同,有以下各类:

水赤铁矿	$2Fe_2O_3·H_2O$
针赤铁矿	$Fe_2O_3·H_2O$
水针铁矿	$3Fe_2O_3·4H_2O$
褐铁矿	$2Fe_2O_3·3H_2O$
黄针铁矿	$Fe_2O_3·2H_2O$
黄赭石	$Fe_2O_3·3H_2O$

自然界中褐铁矿绝大部分含铁矿物以 $2Fe_2O_3·3H_2O$ 的形式存在。褐铁矿的富矿很少,一般含铁量在 $37\% \sim 54\%$,含有害杂质硫、磷、砷较高,其结构松软,密度较小,吸水性强,焙烧后可去掉游离水和结晶水,使矿石的气孔率增加,从而大大提高矿石的还原性,同时去掉水分,相应地提高了矿石的含铁量。

褐铁矿石的矿物常呈葡萄状、肾状和钟乳状集合体,其外表颜色为黄褐色和黑色,密度为 $3.1 \sim 4.2 t/m^3$,硬度 $1\sim4$,无磁性,脉石主要为熟土和石英等。

褐铁矿含铁量低于 35% 时,需进行选矿。目前主要采用重力选矿和磁化焙烧-磁选法。

1.1.1.4 菱铁矿

菱铁矿为碳酸盐铁矿石,化学式为 $FeCO_3$,理论含铁量为 48.2%,其矿物形态有结晶及集合体两种,结晶体为菱面体,集合体常随其形成条件不同而异,由内生成作用形成的多为结晶粒状;由外生成作用形成的为隐晶状、放射状的球形结核或鳞状集合体。外表颜色为灰色和褐色,风化后变为深褐色,条痕为灰色或带绿色,具有玻璃光泽,密度为

$3.8t/m^3$，硬度 $3.5 \sim 4.0$，无磁性，含硫低，但含磷高，脉石含碱性氧化物。

自然界中有工业开采价值的菱铁矿比上述三种矿石都少，其含铁量在 $30\% \sim 40\%$。但经焙烧后，因分解放出 CO_2，使其含铁量提高，矿石也变得多孔而易破碎，还原性好。

1.1.2 铁矿石的评价

决定铁矿石品质的因素，主要是化学成分、物理性质和冶金性能等。

1.1.2.1 含铁量（矿石品位）

矿石含铁量的高低是评价铁矿石品质的主要指标。它决定了矿石的开采价值和冶金价值。含铁量高，可以提高高炉产量和降低吨铁燃料消耗；含铁量低，生产率下降并增加燃料消耗。因此，铁矿石的含铁量越高越好。

1.1.2.2 脉石成分

脉石中的 SiO_2、Al_2O_3 叫酸性脉石，CaO、MgO 叫碱性脉石，绝大多数矿石的脉石是酸性脉石。当矿石中 $\dfrac{CaO + MgO}{SiO_2 + Al_2O_3}\left(或\dfrac{CaO}{SiO_2}\right)$ 的比值（称矿石碱度）接近高炉渣碱度时，叫做自熔性矿石。因此，矿石中 CaO 含量多，冶金价值高；相反，SiO_2 含量高，矿石的冶金价值下降。适当的 MgO 量有利于提高烧结矿品质和改善炉渣的流动性，但过高会降低其脱硫能力和炉渣流动性。Al_2O_3 在高炉渣中为酸性氧化物，渣中浓度超过 $18\% \sim 22\%$ 时，炉渣难熔，流动性差。因此，矿石中对 Al_2O_3 要加以控制，一般矿石中 SiO_2/Al_2O_3 的比值不小于 $2 \sim 3$。

包钢铁矿石中含有 CaF_2 脉石，它使熔点降低，流动性增加并腐蚀设备和污染环境；攀钢铁矿石中含有 TiO_2 脉石，它使炉渣变黏，而导致渣铁不分、炉缸堆积和生铁含硫升高等。

1.1.2.3 有害杂质含量

铁矿石中常见有害杂质有硫、磷、砷以及铅、锌、钾、钠、铜、氟等。

硫在钢铁中以 FeS 形态存在于晶粒接触面上，熔点低（$1193℃$），当钢被加热到 $1150 \sim 1200℃$ 时，其被熔化，使钢材沿晶粒界面形成裂纹，即所谓的"热脆性"。烧结和炼铁过程中可除去部分硫。

磷和铁可结合成化合物 Fe_3P，此化合物与铁形成二元共晶的 $Fe_3P\text{-}Fe$，聚集于晶界周围，减弱晶粒的结合力，使钢材在冷却时发生所谓"冷脆性"。烧结和炼铁过程都无法除去磷。

砷在铁矿石中常以硫化合物等形态存在，即毒砂（$FeAsS$），它会降低钢的机械性能和焊接性能。烧结过程只能去除小部分砷，在高炉还原后溶于铁中。

铜在铁砂中主要以黄铜矿（$FeCuS_2$）等形态存在。烧结过程中不能除去铜，高炉冶炼过程中，铜被全部还原到生铁中。钢中含少量的铜可以改善钢的抗腐蚀性能，但含量超过 0.3% 时会降低其焊接性能并产生"热脆"现象。

铅在铁矿中常以方铅矿（PbS）形态存在，普通烧结过程不能除去铅，高炉冶炼中铅易被还原并不溶于生铁中，沉在铁水下面，渗入炉底砖缝起破坏作用。冶炼含铅矿石的高炉易结瘤。

锌在铁矿石中常以闪锌矿（ZnS）形态存在，普通烧结过程不能去锌，高炉冶炼中，锌易还原并且不溶于生铁中，易挥发，破坏炉衬，导致结瘤，甚至堵塞煤气管道。

钾和钠在铁矿石中常以铝硅酸盐（钾钠长石 $K(AlSi_3O_8)$-$Na(AlSi_3O_8)$）等形态存在，钾钠在高炉冶炼中易被还原、易挥发，会破坏炉衬导致结瘤，烧结过程中可以除去少部分钾钠。

铁矿石中有害杂质含量越少越好。

1.1.2.4 矿石的还原性

铁矿石还原性是指矿石被还原性气体 CO 或 H_2 还原的难易程度，还原性越高的矿石越易还原。矿石的还原性与矿物组成、结构致密程度、粒度及气孔率有关。磁铁矿难还原，赤铁矿易还原，人造富矿的还原性比天然矿石好。

1.1.2.5 矿石的软化性

铁矿石的软化性是指矿石软化温度和矿石软化区间两个方面。软化温度是指矿石在一定的荷重下加热开始变形的温度；软化温度区间是指矿石开始软化到软化终了的温度范围。对高炉冶炼来讲，矿石软化温度高、软化区间窄，则矿石软化性能好。

1.1.2.6 矿石的粒度、强度及气孔度

矿石强度高、粒度均匀大小适中、气孔度高，则高炉料柱透气性好，矿石易还原。矿石的气孔度分体积气孔度和面积气孔度，体积气孔度是矿石中气孔所占体积相当于矿石总体积的百分比；面积气孔度是单位矿石体积内气孔表面的绝对值。气孔分开口和闭口两种。

1.1.2.7 各项指标稳定性

高炉冶炼、烧结生产都要求有一个相对稳定的原料条件，不但要有足够数量，还要求原料的理化性能相对稳定。特别是矿石的含铁量、脉石成分和数量、有害杂质等指标的波动，都会影响生产过程的正常进行和产品品质的波动。

1.1.3 熔剂

熔剂是高炉冶炼过程中的造渣物质。在烧结生产中加入熔剂，不仅可以改善烧结过程，强化烧结，提高烧结矿产量、品质，而且可以向高炉提供自熔性和高碱度的烧结矿。

熔剂与矿石中的高熔点脉石能生成熔化温度较低的易熔体，能造成一定数量和一定物理化学性能的炉渣，达到去除有害杂质的目的（如去硫）。

熔剂按其性质可分为中性、碱性和酸性三类。我国铁矿石的脉石多数是酸性氧化物，如 SO_2，所以普遍使用碱性熔剂。

碱性熔剂是含 CaO 和 MgO 高的矿物，常用石灰石、白云石、消石灰及生石灰等。熔

剂物理化学性质见表1-1。

表1-1 熔剂物理化学性质 （%）

种类	产地	TFe	CaO	MgO	SiO$_2$	Al$_2$O$_3$	MnO	S	P	烧损	水分	体积密度 /t·m^{-3}	粒度组成 （<3mm）
石灰石	武 钢	2.74	48.4	3.71	1.69	0.738	0.035	—	0.069	41.14			88.03
	密 云	0.37	51.30	2.11	1.15	0.41		0.01		42.77			91.48
	攀枝花	2.8	49.79	0.27	2.84	1.07		0.034		40.40	3.8	1.4	86.00
	本 钢	3.48	49.00	1.77	4.92	0.94				39.55			
	鞍钢甘井子	0.56	51.4	2.52	1.70	1.02	0.032	0.003	0.009	42.65	3.8	1.4	
生石灰	鞍 钢		72.7	3.98	3.00	0.84	0.023	0.087	0.018	16.18		1.41	<5mm 77
消石灰	鞍 钢		60.04	4.89	5.02	1.06	0.03	0.20	0.025	24.83			
	武 钢	1.63	64.39	1.625	2.23	0.939	0.063	0.02	0.02	29.23			
菱镁石	鞍钢大石桥		5.50	42.3	0.80		0.044	0.08	0.042	49.34			
	鞍钢海北		8.51	37.55	1.22	0.24	0.06		0.03	0.026	48.54			
白云石	水 钢	1.26	36.40	11.7	2.40			SO$_2$	P$_2$O$_5$	41.40			
	本 钢	1.10	30.40	21.7	1.50			0.06	0.04	44.70			

1.1.3.1 石灰石

石灰石主要的化学成分是 $CaCO_3$，纯石灰石含 CaO 56%、CO_2 44%，按其矿物结晶的不同又可分为三种：白色粒状具有明显菱形解理面的叫方解石；结晶良好、结构致密的叫大理石；青灰色、致密隐晶质叫石灰石。烧结生产中常用的是后者。

1.1.3.2 白云石和菱镁石

白云石的主要成分是碳酸钙和碳酸镁，化学式：$CaMg(CO_3)_2$，理论上含 CaO 30.4%，MgO 21.7%，CO_2 47.9%。通常呈粒状结晶、灰白色，有时呈浅黄、褐色或绿色。菱镁石分子式 $MgCO_3$，纯菱镁石理论含 Mg 47.6%、CaO 65%，外表呈白黄色。

1.1.3.3 生石灰

生石灰是石灰石经高温焙烧后的产品，主要成分为 CaO。利用生石灰代替部分石灰石作为烧结熔剂，可强化烧结过程。这是因为生石灰遇水后，发生消化反应生成消石灰，并放出热量，可以提高料温，减少烧结过程的过湿现象。

1.1.3.4 消石灰

消石灰是生石灰消化后的热石灰，其化学式：$Ca(OH)_2$，含 CaO 65% 左右，含水 15%~20%。消石灰表面呈胶体状态，吸水性强，黏结力大，可以改善烧结混合料的成球性。

对碱性熔剂的要求是:

有效成分含量高,酸性氧化物及有害杂质 P、S 少,粒度和水分适宜。

(1) 有效熔剂性高。即碱性氧化物 CaO + MgO 含量要高,而酸性氧化物 SiO_2 含量要低。评价熔剂品质的重要标准,是根据烧结矿碱度要求,扣除本身酸性氧化物所消耗的碱性氧化物成分,所剩余的碱性氧化物的含量而确定的。即:

$$有效熔剂性 = w(CaO + MgO)_{熔剂} - w(SiO_2)_{熔剂} \cdot R$$

当熔剂中 MgO 很少时,上式可简化为:

$$有效熔剂性 = w(CaO_{熔剂}) - w(SiO_{2熔剂}) \cdot R$$

(2) 有害杂质 P、S 要低。熔剂中的有害杂质要低,含 S 一般为 0.01% ~ 0.08%,含 P 一般为 0.01% ~ 0.03%。

(3) 粒度和水分。从有利于烧结过程中各种成分之间的化学反应迅速和完全这一点来看,熔剂粒度越细越好。熔剂粒度粗,反应速度慢,生成的化合物不均匀程度大,甚至残留未反应的 CaO "白点",对烧结矿强度有很坏的影响。但是,熔剂破碎过细,不仅会提高生产成本,而且使烧结料透气性变坏。熔剂粒度控制在 0 ~ 3mm 即可。

生石灰进厂应尽量不含水或少含水。

1.1.4 燃料

燃料在烧结过程中主要起发热作用和还原作用,它对烧结过程及烧结矿产量、品质影响很大。烧结生产使用的燃料分点火燃料和烧结燃料两种。

1.1.4.1 点火燃料

点火燃料有气体燃料、液体燃料、固体燃料,一般常采用焦炉煤气 (15%) 与高炉煤气 (85%) 的混合气体,其发热值为 5860kJ/m^3 (即 1400kcal/m^3)。而实际生产中不少厂只用高炉煤气点火。

1.1.4.2 烧结燃料

烧结燃料是指混入烧结料中的固体燃料。一般采用的固体燃料主要是碎焦粉和无烟煤粉。对烧结所使用的固体燃料总的要求是:固体燃料碳含量高,挥发分、灰分、硫含量要低。

1.1.4.3 各种燃料简介

A 固体燃料

(1) 无烟煤。煤的成分复杂,主要由有机元素 C、H、O、N、S 等组成。无烟煤是所有煤中固定碳最高,挥发分最少的煤。它是很好的烧结燃料。

生产上,要求无烟煤的发热量大于 25116kJ/kg,挥发分小于 10%,灰分小于 15%,硫小于 2.5%,进厂粒度小于 40mm,使用前应破碎到 3mm 以下。挥发分高的煤不宜做烧结燃料,因为它能使抽风系统挂泥结垢。一些烧结厂常用的无烟煤理化性质见表 1-2。

表 1-2 一些烧结厂所用无烟煤的理化性质　　　　　　　　　　　　　　　　（%）

厂别	固定碳	灰分	挥发分	硫	水分	发热值/kJ·kg^{-1}	配料粒度（<3mm）	备注
新余钢厂	83.88	13.54	2.88					淮北无烟煤
新余钢厂	86.71	7.68	3.61					安源无烟煤
首钢	76.74	17.36	5.91			26903	89.46	
水钢	71.25	18.85	7.45				75.60	
新抚钢厂	66.53	24.61	7.74	0.45				
鞍钢	75.05	17.42	5.84		1.69（内水）		785	朝鲜煤
焦作洗净煤		9.60	4.35	0.38~0.45		32898		

（2）碎焦粉。焦炭是炼焦煤在隔绝空气的条件下高温干馏的产品。碎焦粉是焦化厂筛分出来的或是从高炉用的焦炭中筛分出来的焦炭粉末。它具有固定碳高、挥发分少、含硫低等优点，发热值在 33488kJ/kg。焦炭硬度比无烟煤大，破碎较困难，但使用前必须破碎到 3mm 以下。一些烧结厂使用的焦末理化性质见表 1-3。

表 1-3 一些烧结厂所用焦末的理化性质　　　　　　　　　　　　　　　　（%）

厂别	固定碳	灰分	挥发分	硫	水分	发热值/kJ·kg^{-1}	配料粒度（<3mm）	备注
新余钢厂	84~86	14.01	0.67	0.95	8.04		75.36	
包钢	75.90						93.71	
首钢	81.88	15.65	2.49				93.00	
宣化钢厂	70.00	26.00	5.80	0.60				
济钢	77.00	15.80	7.50	0.85	5.80		80.00	
水钢	69.80	25.00	4.09	1.78			49.50	
攀钢	78~84	14~17	2~4				71.64	
鞍钢	83.43	14.26	2.17	0.58	0.15（内水）			

B　液体燃料

液体燃料发热量比固体燃料高，可完全燃烧，几乎无残渣，便于运输。

石油是天然的液体燃料，也称原油，它基本由 C、H、N、O、S 等元素组成。烧结厂常用的液体燃料是重油。

重油是原油加热分馏后的残留物，呈黑褐色的熟稠液体，密度为 0.9~0.96g/cm^3，具有发热值高（37674~46046kJ/kg）、黏性大等特点。重油成分及品质指标见表 1-4 和表 1-5。

表 1-4 重油的近似成分　　　　　　　　　　　　　　　　（%）

C	H	H+O	S	灰分	水分	($Q_{高}/Q_{低}$)/kJ·kg^{-1}
86.65	12.7	0.5	0.15	0.15	2.0	45312/41316

表1-5 重油质量指标

指标	重油标号				备 注
	20	60	100	200	
闪点(>)/℃	80	100	120	130	闪点：又称燃点，是指液体表面上蒸气和空气的混合物与火接触而初次发生蓝色火焰的闪光时的温度
凝固点/℃	15	20	25	36	
灰分/%	0.3	0.3	0.3	0.3	
水分/%	1.0	1.5	2.0	2.0	
硫分/%	1.0	1.5	2.0	3.0	
机械杂质/%	1.5	2.0	2.5	2.5	

重油在烧结生产过程中常用作点火燃料。重油的黏度对油泵、喷油嘴的工作效率和耗油量都有影响。黏度太大，则油泵、喷油嘴的效率低，喷出的油速低，雾化不好，燃烧不完全，影响喷油嘴使用寿命，增加耗油量。

C 气体燃料

气体燃料是几种简单气体的混合物，可燃成分为 H_2、CO、CH_4（及各种碳氢化合物）等，非可燃成分为 CO、N_2 等。气体燃料包括天然气及人造煤气：

(1) 天然气。天然气是由地下开采出来的可燃气体，发热值很高，主要成分甲烷（CH_4）含90%左右，发热值为 33488~376774 kJ/m^3，便于远距离运输。

(2) 高炉煤气。高炉煤气是高炉炼铁过程中的副产品，可燃成分主要是 CO，其次是 CH_4、H_2。每炼 1t 生铁可产 2000~3000 m^3 煤气，其发热值在 3000~4000 kJ/m^3。高炉煤气具有毒性，使用时务必注意安全；煤气中含有灰尘需经洗涤除尘后方可使用；一般情况下，送往烧结厂的煤气压力在 2.45~2.94kPa(250~300mmH_2O)。

(3) 焦炉煤气。焦炉煤气是炼焦过程的副产品，可燃成分主要是 CH_4、H_2 等，含量大约为75%，发热值在 15466~18810 kJ/m^3，经清洗过滤后焦炉煤气中焦油的含量为 0.005~0.02 g/m^3。煤气温度为 25~30℃。

(4) 混合煤气。混合煤气一般由焦炉煤气和高炉煤气混合而成，它的发热值大小取决于高炉、焦炉煤气的混合比例，一般在 5016~12540 kJ/m^3。

各种气体燃料成分的波动范围参见表1-6。

表1-6 各种气体燃料成分波动范围

成分 w/%	CO_2	CO	CH_4	C_2H_4	C_2H_6	C_mH_n	H	N	O
焦炉煤气	1.5~2.5	25~31	23~28			2~3	54~59	3~5	0.3~0.7
高炉煤气	14~22	20~26	0.3~0.5			2~3		55~58	
			2.8~816.8						
混合煤气	5.5~11.5						7.8~38.6	23~52.7	
			96.7						
天然气			95.13	0.63	0.26		0.07	1.3	
		0.13	84.36	0.64	2.11				0.12
				8.86	45.11				

1.1.5 烧结原料及其要求

烧结生产所使用的原料是多种多样的，主要是含铁矿粉，有富矿粉、精矿粉；燃料有无烟煤粉或焦粉；熔剂有石灰石、白云石、生白灰或消石灰；还有高炉灰、轧钢皮、转炉炉尘、硫酸渣等各种附加原料。对原燃料的要求是：

（1）铁矿粉是烧结的主要原料，其物理和化学性质对烧结矿质量影响最大。一般要求品位高、成分稳定、杂质少，矿粉粒度要控制在 8~10mm 以下。对于生产高碱度烧结矿和烧结高硫矿粉，矿粉粒度应不大于 6~8mm。

（2）对熔剂要求其有效 CaO 高、杂质少、成分稳定，粒度应小于 3mm；烧结细精矿时，石灰石粒度可减小到 2mm。使用生石灰或消石灰时，粒度一般控制在 5mm 和 3mm 以下，以利于加水消化与混匀。

（3）对燃料要求其固定碳含量高、灰分低、挥发分低、硫低、成分稳定，焦粉粒度小于 3mm。此外，其他添加料，一般要求无夹杂物，粒度小于 10mm。

1.1.6 烧结原料的准备

原料是烧结生产的基础，为保证烧结过程顺利进行，实现计算机控制，获得优质高产的烧结矿，必须精心备料，使烧结用料供应充足，成分稳定，粒度适宜。为此，要做好原料的接受、贮存、中和混匀、破碎、筛分等各项准备工作。

通过不同运输方式进入烧结厂的原料，都应严格其检查验收制度。进厂原料一律按有关规定、合同进行验收，如来料的品种、品名、产地、数量、理化性能等；只有验收合格的原料才能入厂和卸料，并按固定位置、按品种分堆分仓（槽）存放，严格防止原料混堆，更不许夹带大块杂物。

烧结厂使用的原料数量大、品种多，理化性质差异大，进料不均衡。因此，为了保证烧结生产连续稳定进行，应贮存足够数量的原料并进行必要的中和。外运来的各种原料通常可存放在烧结厂设置的原料场或原料仓库。目前我国新建烧结厂都设置了原料场，原料场的大小根据其生产规模、原料基地的远近、运输条件及原料种类等因素决定，一般应保证 1~3 个月的原料储备。

同时，应加强原料的中和混匀，使配料用的各种原料，特别是矿粉化学成分的波动应尽量缩小。

中和作业可在原料场和原料仓库进行。一般采用的是平铺直取法。在原料仓库中和时，通常是借助于移动漏矿皮带车和桥式起重机抓斗，将来料在指定地段逐层铺放，当铺到一定高度后，再用抓斗自上而下垂直取料来完成。中和效果将随着中和次数的增多而改善。首钢烧结厂通过"三倒入堆"操作法，使原料铁分波动值从 2% 下降到 1%。国外很重视加强原料准备工作，在原料堆存混匀料场内，设有各种堆存混匀设备。一般都采用装卸、造堆、混匀、截取的联合装量，机械化程度高，可将粉矿含铁量波动控制在 ±0.5%，有的在 ±0.3%。

烧结原料粒度对烧结过程和烧结矿产量、质量均有很大影响，因此，还应做好粒度的准备工作。通常铁矿粉直接来自选矿厂或矿山，不需烧结厂加工处理。

入厂的石灰石、白云石粒度上限大于 40mm（烧结生产要求小于 3mm 的占 90% 以上）时，在烧结厂内需要进行破碎、筛分，破碎工艺流程如图 1-1 所示。目前多采用一段破碎与检查筛分组成的闭路流程（见图 1-1(a)）破碎熔剂。常用的破碎设备有锤式破碎机和反击式破碎机。

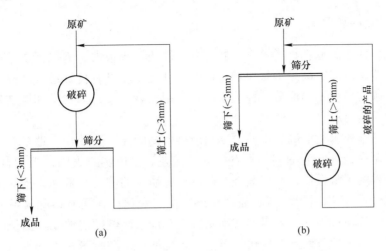

图 1-1　熔剂破碎筛分流程
(a) 闭路流程；(b) 开路流程

烧结厂燃料的破碎流程是根据进厂燃料粒度和性质来确定的。燃料入厂粒度小于 25mm 时，可采用一段四辊破碎机开路破碎流程，如图 1-2(a) 所示。破碎后粒度可满足生产要求，如果入厂粒度大于 25mm，一般采用先经过一段粗破碎，再经四辊破碎机破碎的两段开路破碎流程，如图 1-2(b) 所示。我国烧结用煤或焦粉的来料都含有相当高的水分（>10%），采用筛分作业时，筛孔易堵，降低筛分效率，因此，固体燃料破碎多不设筛分。

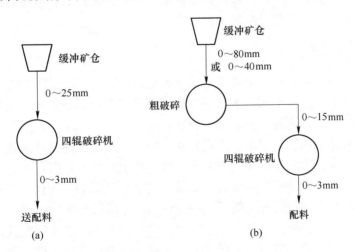

图 1-2　燃料破碎筛分流程

任务 1.2　配　　料

烧结配料是将各种准备好的烧结料，按配料计算所确定的配比和烧结机所需要的给料量,准确地进行配料,组成烧结混合料的作业过程。它是整个烧结工艺中一个重要环节,与烧结产品质量有着密切关系。

1.2.1 配料的目的和要求

烧结生产所使用的原料种类繁多,物理化学性质差异很大。为保证烧结矿的化学成分和物理性质稳定,以满足高炉冶炼要求,同时保证烧结料具有良好透气性以获得较高的烧结生产率,必须对各种不同成分、性质的原料,根据烧结过程的要求和烧结矿质量的要求严格按一定比例进行配料。

对配料的基本要求是准确,即按照配料所确定的配比,连续稳定地配料,把实际下料量的波动值控制在允许的范围内,不发生大的偏差。生产实践表明,当配料产生偏差时,将影响烧结过程的正常进行,并引起烧结矿产量、质量的波动。例如,当固体燃料配入量波动 ±0.2% 时,就足以引起烧结矿强度和还原性的变化;含铁原料配入量的波动会引起烧结矿含铁量的波动;熔剂配入量的波动则会引起烧结矿碱度的波动。而烧结矿成分的波动会导致高炉炉温、炉渣碱度的变化,对高炉炉况的稳定顺行带来不利影响。因此,各国都非常重视烧结矿化学成分的稳定性。我国要求 $w(TFe) \leqslant \pm 0.1\% \sim 0.3\%$,$w(CaO/SiO_2) \leqslant \pm 0.03 \sim 0.05$;日本要求:$w(TFe) < \pm 0.3\% \sim 0.4\%$,$w(CaO/SiO_2) \leqslant \pm 0.03$,$w(FeO) \leqslant \pm 0.01\%$,$w(SiO_2) \leqslant \pm 0.02\%$。为了保证烧结矿成分的稳定,烧结生产中,当烧结机所需的上料量发生变化时,须按配料比准确计算各种料在每米皮带或单位时间内的下料量;而当料种或原料成分发生变化时,则应按规定的要求重新计算配料比,并准确预计烧结矿的主要化学成分。

配料时,首先根据原料成分和高炉冶炼对烧结矿化学成分的要求,进行配料计算,以保证烧结矿的含铁量、碱度、FeO 含量和含硫量等主要指标控制在规定范围内,然后选择适当的配料方法和设备,以保证配料的准确性。

1.2.2 配料方法和设备

配料的准确性在很大程度上取决于所采用的配料方法。目前配料方法有以下几种:

(1) 容积配料法。当原料堆积密度一定时,其质量与体积成正比。通过给料设备控制所配物料的容积给料量,达到所要求的配加量。

此配料方法所使用的设备简单,操作方便,由人工直接控制,目前我国还有不少烧结厂采用此法。但这种方法误差较大,因为各种料的堆积密度不是固定不变的,受原料化学成分、粒度、水分及在料槽中所受压力(即堆满高度)的影响,而这些因素在生产过程中是经常变化的,因此按容量进行配料时,各种料的实际质量经常发生波动。为弥补这一缺点,通常辅以定期质量检查,即每隔一定时间,用长方形浅盘连续两次接取圆盘给料机下落的物料并称量,将称量结果与应下料量进行比较,若误差超过允许范围,则及时加以调整从而使配料准确性有所提高,但波动量仍可为 5% ~ 15% 以上。为了提高容积配料的准确度,应做到勤观察、勤分析、勤称量、勤调整,同时应加强对原料和设备的管理,如严格控制原料粒度和水分波动;安装给料机时,圆盘中心与料仓中心要相吻合,盘面应水平;保持料仓的料位在一定高度,且物料应均匀分布等,使配料基本上满足烧结生产的要求。

由于容积配料法是靠人工调节圆盘给料机闸门开口度的大小来控制料量的,不仅准确性差且调整时间长,对配料准确性影响大,质量检查的劳动强度也很大,难于实现自动配料。因此,这种配料方法已不能适应技术进步和形势发展的要求,逐步被质量配料法取代。

(2) 质量配料法。此法是按原料的质量进行配料的一种方法:它分为间歇式和连续式两种,通常是指连续式。其主要装置是皮带电子秤—自动控制调节系统—调速圆盘给料机。配料时,每个料仓配料圆盘下的皮带电子秤发出瞬时送料量信号,此信号输入调速圆盘自动调节系统,调节部分即根据给定值信号与电子皮带秤测量值信号的偏差,自动调节圆盘转速,达到所要求的给料量。质量配料系统如图1-3所示。

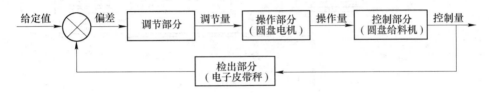

图 1-3 质量配料系统

质量配料法较容积配料法精确度高,对配比少的原料,如燃料和生石灰,更能显示出其优越性。用此法可实现配料的自动化,便于电子计算机集中控制与管理,配料的动态精度可高达 0.5%~1%,为稳定烧结作业和产品成分创造了良好条件,也使劳动条件得到改善。我国新建和技改后的烧结厂基本都采用这种配料法。

(3) 按化学成分配料。目前,国外已有按化学成分配料的方法,这是在质量配料法基础上发展起来的一种较为理想的配料方法。它借助于连续 X 射线荧光光谱分析仪分析配合料中的化学成分,并通过电子计算机来控制其化学成分的波动,从而实现按原料化学成分配料。此法可进一步提高配料的精确度。国外某厂采用这种方法配料,烧结矿碱度的波动幅度降低到 ±0.035。

目前配料设备有以下几种:

(1) 圆盘给料机。目前烧结厂容积法配料中广泛采用的配料设备是圆盘给料机。矿槽中给出一定数量的物料,从而得到所需成分的混合料。

圆盘给料机构造如图1-4所示。它由传动机构、圆盘、套筒和调节给料量的闸门及刮刀组成。电动机经联轴器通过减速机来带动圆盘。圆盘转动时,料仓内的物料随圆盘一起运动并向出料口的一面移动,经闸门或刮刀排出物料。排出量的大小可用闸门或刮刀装置来调节。当精矿或粉矿用量较大时,宜用带活动刮刀的套筒;当熔剂或燃料用量小,而且要求准确性高时,宜用闸门式套筒。

圆盘给料机按其传动机构封闭与否,分为封闭式和敞开式两种。封闭式圆盘给料机传动的齿轮及

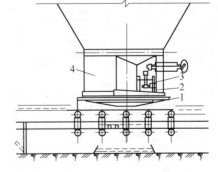

图 1-4 烧结配料圆盘给料机
1—底盘;2—刻度标尺;
3—出料口闸板;4—圆筒

轴承等部件装在刚度较大的密封壳里，因而有着良好的润滑条件，检修周期长，但设备重、造价高、制造困难，大型烧结厂采用较多。而敞开式圆盘给料机（如图 1-5 所示），没有良好的润滑条件，易落入灰尘、矿料和杂物，齿轮、轴及各转动摩擦部位会迅速磨损。但其设备轻，结构简单，便于制造，多为中小烧结厂采用。我国制造的各种圆盘给料机的规格见表 1-7。

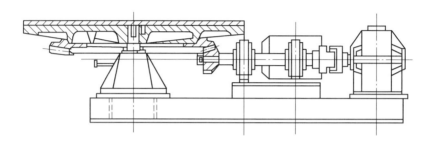

图 1-5　敞开式圆盘给料机

表 1-7　圆盘给料机规格

型　号	类　型	圆盘直径 /mm	给料能力 /m³·h⁻¹	圆盘速度 /r·min⁻¹	物料粒度 /mm	电动机 型号	电动机 功率/kW	总重/kg
FDP400	封闭吊式	400	0~2.6	10.7	≤30	JO41-6	1	160
FDP500	封闭吊式	500	0~3.3	7.83	≤30	JO41-6	1	230
FDP600	封闭吊式	600	0~5	7.83	≤30	JO₂-22-6	1.1	250
FDP800	封闭吊式	800	0~7.95	7.53	≤30	JO₂-22-6	1.1	600
FDP1000	封闭吊式	1000	0~13	5.9	≤30	JO₂-31-6	1.5	950
FDP1300	封闭吊式	1300	0~24.7	6.33	≤30	JO₂-41-6	3	1255
CDP600	敞开吊式	600	0~5	7.83	≤30	JO₂-22-6	1.1	255
CPP800	敞开吊式	800	0~7.95	7.53	—	JO₂-22-6	1.1	600
PGM-60/5	座　式	600	5	9.1	≤50	JO₂-32-6	2.2	678
PGM-60/10	座　式	600	10	14.8	≤50	JO₂-32-6	2.2	678
PGM-85/20	座　式	850	20	14.8	≤50	JO₂-41-6	3	746
PGM-85/30	座　式	850	30	14.8	≤50	JO₂-41-6	3	746
FPG1000	封闭座式	1000	13	6.5	≤50	JO₂-41-6	3	1400
FPG1500	封闭座式	1500	30	6.5	≤50	JO₂-52-6	7.5	2880
FPG2000	封闭座式	2000	80	4.79	≤50	JO₂-61-6	10	5200
FPG2500	封闭座式	2500	120	4.522	≤50	JO₂-71-6	17	7310
FPG3000	封闭座式	3000	75~225	1.3~3.9	≤50	JO₂-72-6	22	13300
CPG1000	敞开座式	1000	14	7.5	≤50	JO₂-32-6	2.2	740
CPG1500	敞开座式	1500	25	7.5	≤50	JO₂-51-6	5.5	1325
CPG2000	敞开座式	2000	100	7.5	≤50	JO₂-61-6	10	1730
φ2000	高　温	2000	80	1.0~4.95	≤50	JZT52-4	10	5940

圆盘给料机给料均匀准确,容易调节,运转平稳可靠,管理方便,一般能满足生产要求。这种设备的主要缺点是:当物料的粒度、水分以及料柱高度变动时,容易影响其配料准确性。对于中小型烧结厂,在石灰石粉、焦粉等松散物料的矿槽下,采用电磁振动给料机配料也是可行的。

(2) 电子皮带秤。电子皮带秤是一种称量设备,能够测量、指示物料的瞬时输送量,并能进行累计显示物料的总量。它与自动调节系统配套,可实现物料输送量的自动控制。因此,电子皮带秤在烧结球团厂被广泛应用在自动配料上。

电子皮带秤由秤框、传感器、测速头及仪表组成。按一定速度运转的皮带机有效称量段上的物料重量,通过秤框作用于传感器上,同时通过测速头,输出频率信号,经测速单元转换为直流电压,输入到传感器,经传感器转换成电压信号输出,再经仪表放大后转换成 $0\sim10\mathrm{mA}$ 的直流电流信号输出。电流的变化反映了有效称量段上物料重量的瞬时值及累积总量,从而达到电子皮带秤的称量及计算目的。

该设备灵敏度高,精度在 1.5% 左右,不受皮带拉力的影响。由于采用电动滚筒作为传动装置,电子皮带秤结构简单,运行平稳可靠,维护量小,经久耐用,便于实现自动配料。

1.2.3 配料计算

精心配料是获得优质烧结的前提。适宜的原料配比、适宜的燃料用量,可以生成足够的、性能良好的液相,获得强度高、还原性良好的烧结矿。搞好配料是高炉高产、优质、低耗的先决条件。

1.2.3.1 配料操作要点

(1) 严格按配料单准确配料,根据配料单的比例在计算机上进行设置,使配合料的化学成分合乎规定标准。

(2) 配碳量要达到最佳值,保证烧结燃耗低,烧结矿中 FeO 含量低。

(3) 密切注意各种原料的配比量,发现短缺等异常情况时应及时查明原因并处理。

(4) 配料比变更时,应在短时间内调整完成。

(5) 同一种原料的配料仓必须轮流使用,以防堵料、水分波动等现象发生。

(6) 某一种原料因设备故障或其他原因造成断料或下料不正常时,必须立即用同类原料代替并及时汇报,变更配料比。

(7) 生石灰消化器的加水原则是:进料端进水多,沿生石灰加水方向逐渐递减。

1.2.3.2 烧结配料计算的主要公式

(1) 干料配比 = 湿料配比 × (100 - 水分), %
(2) 残存量 = 干料配比 × (100 - 烧损), %
(3) 焦粉残存:焦粉干料配比 × (100 - 烧损) = 焦粉干料配比 × 灰分, %
(4) 烧结残存量 = (总残存/总干料) × 100, %
(5) 进入配合料中 $w(\mathrm{TFe})$ = 该原料含铁量 × 干料配比, %
   进入配合料中 $w(\mathrm{SiO}_2)$ = 该原料含 SiO_2 量 × 干料配比, %

进入配合料中 $w(CaO)$ = 该原料含 CaO 量 × 干料配比,%

(6) 烧结矿碱度 R 的工业计算：

$$R = \frac{w(CaO)_{矿} \times 矿石量 + w(CaO)_{灰} \times 石灰量 + \cdots}{w(SiO_2)_{矿} \times 矿石量 + w(SiO_2)_{灰} \times 石灰量 + \cdots + S}$$

式中　矿石量, 石灰量——该物料的干料量, kg;
　　　$w(CaO)_{矿}$, $w(SiO_2)_{灰}$——该物料的化学成分含量,%;
　　　S——考虑生产过程的理化损失与燃料的影响引入的修正系数, 其数值由经验决定, 随着碱度的升高而升高, 其值在 0.5~1.5 之间。

(7) 配合料及烧结矿的化学成分：

$w(TFe)_{料}$ = 各种料带入的 Fe 之和/各种干原料之和

$w(TFe)_{矿}$ = 各种料带入的 Fe 之和/总残存量

$w(SiO_2)_{料}$ = 各种料带入的 SiO_2 之和/各种干原料之和

$w(SiO_2)_{矿}$ = 各种料带入的 SiO_2 之和/总残存量

$w(CaO)_{料}$ = 各种料带入的 CaO 之和/各种干原料之和

$w(CaO)_{矿}$ = 各种料带入的 CaO 之和/总残存量

(8) 配用石灰石的计算公式（阿尔希波夫公式）：

$$石灰石加入量 = \frac{100(k \cdot a - b)}{k \cdot (a - c) + (d - b)}$$

式中　k——规定的碱度；
　　　a——除石灰石以外, 料中 ($SiO_2 + Al_2O_3$) 的含量,%;
　　　b——除石灰石以外, 料中 (CaO + MgO) 的含量,%;
　　　c——石灰石中 ($SiO_2 + Al_2O_3$) 的含量,%;
　　　d——石灰石中 (CaO + MgO) 的含量,%。

(9) 白云石配加量的计算公式：

$$白云石配比 = \frac{[w(MgO)_A - w(MgO)_B]A}{[1 - w(H_2O)_{白}]w(MgO)_{白}}$$

式中　$w(MgO)_A$——烧结矿要求的 MgO,%;
　　　$w(MgO)_B$——未加白云石时, 烧结矿的 MgO,%;
　　　$w(H_2O)_{白}$——白云石中的含水量,%;
　　　A——混合料的残存量,%;
　　　$w(MgO)_{白}$——白云石中 MgO 的含量,%。

任务1.3　烧结料混合与制粒

1.3.1　烧结料混合的目的

烧结料混合的目的, 一是使配合料中各个组分充分混匀, 获得化学成分均一的混合料, 以利于烧结并保证烧结料成分的均一稳定；二是对混合料加水润湿和制粒, 有时还通入蒸汽使之预热,以获得良好的粒度组成和必要的料温,改善烧结料的透气性,促使烧结顺利进行。

1.3.2 混合设备

混合设备的作用是把按一定配比组成的烧结料或球团料混匀,且形成保证烧结(或球团)矿的质量与产量。

烧结厂常用的混料设备是圆筒混料机,其构造如图1-6所示,它是一个带有倾角的回转圆筒,内壁衬有扁钢衬板以防磨损,也有衬有角钢或不加衬板的。圆筒内装有喷水嘴,以便均匀供水。

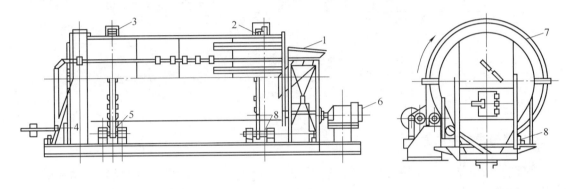

图1-6 圆筒混料机
1—装料漏斗;2—齿环;3—箍;4—卸料漏斗;5—定向轮;6—电动机;7—圆筒;8—托辊

圆筒混料机的倾角,一次混料机不大于4°,二次混料机不大于2°30′。为了加强混匀和造球效果,在保证产量的前提下,可以降低倾角。

圆筒混料机生产能力主要受转速、充填率和停留时间的影响,通常按下式计算

$$V = 60L\mu A/100t$$

式中 V——单位时间内处理的原料,m^3/min;

t——停留的时间,min;

μ——充填率即圆筒混料机内物料占圆筒体积的百分数,%;

L——圆筒长度 m;

A——圆筒断面积,m^2。

对于一次混合,充填率为10%~20%,停留时间为2min,转速为($0.2 \sim 0.3$)n_c;对于二次混合,充填率为10%~15%,停留时间为3min,转速为($0.25 \sim 0.35$)n_c;n_c为临界转速。

圆筒混料机混料范围广,能适应原料的变动,构造简单,生产可靠且生产能力大,是一种行之有效的混料设备。但是筒内有粘料现象,混料时间不足,同时振动较大。为了改善这种情况,鞍钢等烧结厂采用了增长混料圆筒长度的办法,收到一定效果。为了减轻振动,一些工厂改用浮动滚道(即与筒体不固接,允许有蠕动),国外更新了不少防振与传动装置,如前苏联查波罗什厂,在混合机的电动机和减速箱之间、轮圈与支承辊之间、支

承托架与楼板之间安装减振器,同时使用具有橡胶金属减振器的补偿式联轴器(如图 1-7 所示),以减轻或消除圆筒混料机的强烈振动。

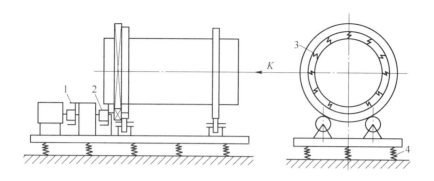

图 1-7 具有橡胶金属减振器的圆筒混料机
1—具有 4 个橡胶金属垫圈的弹性联轴器;2—具有 6 个橡胶金属垫圈的弹性联轴器;
3—轮圈和圆筒间的减振器;4—混料机托架和楼板间的减振器

1.3.3 混匀与制粒的方法

目前多数烧结厂都采用圆筒混料机进行混匀与制粒。为获得良好的混匀与制粒效果,要求根据原料性质合理选择混合段数。生产中一般采用一段混合和两段混合两种作业。

一段混合是混匀、加水润湿和粉料成球在同一混料机中完成。由于时间短,工艺参数难以合理控制,特别在使用热返矿的情况下,制粒效果很差,所以只适用于处理富矿粉。因为富矿粉的粒度较粗,已接近造球要求,能满足烧结过程的需要,混合的目的仅在于使各组分混合均匀和调到适宜水分,对制粒可不作要求。此种工艺和设备简单,用料单一的中小型烧结厂有采用的。但我国主要是用细磨料机进行烧结,由于其粒度很细,除要求混匀外,还必须加强制粒,此时一段混合不能满足要求,所以大中型烧结厂多采用两段混合的方法。两段混合是将配合料依次在两台设备上进行。一次混合,主要任务是加水润湿和混匀,使混合料中的水分、粒度和物料中各组分均匀分布;当使用热返矿时,可以将物料预热;当加入生石灰时,可使 CaO 消化。二次混合除有继续混匀的作用外,主要任务是制粒,并进行补充润湿,还可通入蒸汽预热,从而改善混合料粒度组成,使混合料具有透气性最好的水分含量和必要的料温,保证烧结料层具有良好的透气性。

小 结

(1)配料需要保证烧结矿的质量,同时保证烧结料具有良好透气性。
(2)配料方法:1)容积配料法;2)质量配料法;3)按化学成分配料。
(3)根据原料性质一般采用一段混合和两段混合两种作业。一段混合过程中,混匀、加水润湿和粉料成球在同一混料机中完成,时间短,制粒效果很差,只适用于处理富矿粉;两段混合过程,主要任务是制粒,补充润湿,通入蒸汽预热,改善混合料粒度组成,使混合料具有最好透气性。

思 考 题

(1) 烧结的目的和意义是什么？
(2) 如何评价铁矿石？
(3) 配料的目的和要求是什么？配料方法有哪些？
(4) 影响混匀制粒的因素有哪些？如何提高混匀制粒的效果？

学习情境 2

混合料的烧结

学习任务：

（1）本情境以布料设备、点火器为载体，学习布料、点火操作及控制；

（2）根据抽风烧结过程基本原理以及烧结机构造，学习烧结过程风量、负压、烧结终点等的判断与控制；

（3）掌握强化烧结过程的途径，了解烧结新技术；

（4）掌握烧结技术的节能措施。

烧结生产工艺流程如图 2-1 所示。

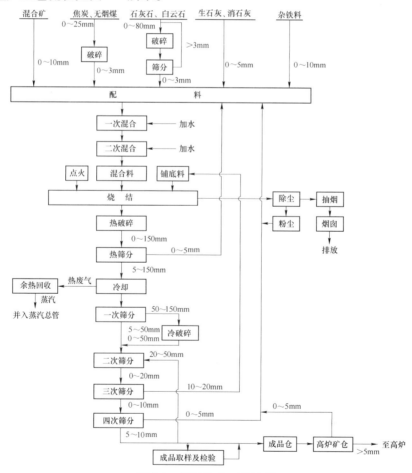

图 2-1 烧结生产工艺流程

任务 2.1 布 料

布料作业是指将铺底料及混合料铺在烧结机台车上的操作。它通过设在机头上的布料器来完成。

2.1.1 铺底料

在铺混合料之前,首先往烧结机台车的箅条上铺一层 20~40mm 厚、粒度约 10~25mm 的冷烧结矿(或较粗的基本不含燃料的烧结料),称为铺底料。其作用是:

(1) 将混合料与箅条隔开,防止烧结时燃烧带的高温与箅条直接接触,既可保证烧好烧透,又能保护箅条,延长其使用寿命,提高作业率。

(2) 铺底料组成过滤层,可防止粉料从炉箅缝隙被抽走,减少烟气含尘量,从而减轻除尘设备的负担,延长抽风机转子的使用寿命。

(3) 防止细粒料或烧结矿堵塞与黏结箅条,保持炉箅的有效抽风面积不变,使气流分布均匀,减小抽风阻力,加速烧结过程。

(4) 改善烧结机操作条件,便于实现烧结过程的自动控制。同时,因消除了台车粘料现象,撒料减少,劳动条件也大为改善。

表 2-1 所列指标表明,采用铺底料工艺,烧结机利用系数得以提高,且产品质量也有所改善。

表 2-1 有铺底料与无铺底料主要烧结技术指标

条 件	利用系数 /t·(m²·h)⁻¹	混合料粒度 (>2.5mm),二混后/%	热返矿粒度 (<3mm)/%	转鼓指数 (>5mm)/%	烧结矿细粒级含量(<5mm)/%	返矿残碳/%
有铺底料	1.2~1.4	47.0	8.73	80	9.10	0.95
无铺底料	1.14~1.22	36.5	47.0	77~179	11.93	1.28

发达国家 20 世纪 70 年代后新建的烧结机都铺底料。

铺底料的方法一般是从成品冷烧结矿中筛分出 10~25mm 粒度级(或相近似的粒度范围)的矿石,分出一部分作为铺底料,通过皮带运输系统送到混合料仓前专设的铺底料储矿槽,再经单独的布料系统布到台车上。因此,铺底料工艺只有采用冷矿流程才能实现,同时,需增设专门的铺底料设施。目前我国新建烧结厂和部分老厂改造都已采用这种方法并已收到良好效果。未设铺底料生产系统的烧结厂,则是利用混合料产生自然偏析而获得铺底料。此法是在烧结机布料时,混合料通过圆辊布料机卸到反射板上,料中较粗的颗粒以较大的速度滚下,布于台车的最下层,起到铺底料的作用。但靠自然偏析所得的铺底料中仍含有较多的粉末和燃料,烧坏炉箅的情况较严重,也易堵塞箅条间隙,铺底料的作用受到限制。此外,有的烧结厂还采取从二次混合机出口处筛出大于 12~15mm 级别的混合料作铺底料。

2.1.2 布混合料

布混合料紧接在铺完底料之后进行。台车上布料工作的好坏直接影响烧结矿的产量和质量。合理均匀地布料是烧结生产的基本要求。布料作业应满足以下几个方面：

(1) 布料应连续供给，防止中断，保持料层厚度一定。

(2) 按规定的料层厚度，使混合料的粒度、化学成分及水分等沿台车长度和宽度方向皆均匀分布，料面应平整，保证烧结料具有均一的良好的透气性；应使料面无大的波浪和拉沟现象，特别是在台车挡板附近，避免因布料不满而形成斜坡，加重气流的边缘效应，造成风的不合理分布和浪费。

(3) 使混合料粒度、成分沿料层高度方向分布合理，能适应烧结过程的内在规律。最理想的布料应是：自上而下粒度逐渐变粗，含碳量逐渐减少，从而有利于增加料层透气性和利于上下部烧结矿质量的均匀。双层布料的方法就是据此而提出来的。采用一般布料方法时，只要合理控制反射板上料的堆积高度，有助于产生自然偏析，也能收到一定效果。

(4) 保证布到台车上的料具有一定的松散性，防止产生堆积和压紧。但在烧结疏松多孔、粒度粗大、堆积密度小的烧结料，如褐铁矿粉、锰矿粉和高碱度烧结矿时，可适当压料，以免透气性过好，烧结和冷却速度过快而影响成型条件和强度。

布料的均匀合理性，既受混合料缓冲料槽内料位高度、料的分布状态、混合料水分、粒度组成和各组分堆积密度差异的影响，又与布料方式密切相关。

当缓冲料槽内料面平坦而料位高度随时波动时，因物料出口压力变化，使布于台车上的料时多时少，若混合料水分也发生大的波动，这种状况更为突出，结果沿烧结机长度方向形成波浪形料面；当混合料是定点卸于缓冲料槽形成堆尖时，则因堆尖处料多且细，四周料少且粗，不仅加重纵向布料的不均匀性，也使台车宽度方向布料不均。在料层高度方向，因混合料中不同组分的粒度和堆积密度有差异，以及水分的变化、布料操作的影响，会产生粒度、成分偏析，从而使烧结矿内上、中、下各层成分和质量很不均一，见表2-2。

表2-2 沿料层高度方向烧结矿质量的变化

部 位	台车取样深度/mm	烧结矿成分 w/%					碱 度
		TFe	FeO	SiO$_2$	CaO	S	CaO/SiO$_2$
上 层	0~80	34.20	13.94	18.36	25.00	0.156	1.36
中 层	80~160	32.70	17.03	16.90	28.40	0.150	1.64
下 层	160~240	33.30	21.83	17.70	27.68	0.230	1.52

为了克服和减轻不良影响，实现较理想布料，应改进布料操作和方式。首先，要保持缓冲料槽内料位高度稳定和料面平坦。一般要求保持料槽内料面高度有1/2~2/3的料槽高。因此，烧结机为多台布置时，必须保证每台的料槽能均衡进料，最好安装料位计，实现料位的自动控制。为避免机速变化时布料时松时紧，机速和布料机转速应实行连锁控制。在布料方式上，普遍采用的有圆辊布料机—反射板和梭式布料机—圆辊布料机—反射板两种。前者工艺简单，设备运行可靠，但下料量受储料槽中料面波动的影响大，沿台车宽度方向布料的不均匀性难以克服，台车越宽，偏差越大。因此，只适于中小型烧结机的布料。对于较大和新建烧结机，采用后一种布料方式的越来越多。梭式布料机把向缓冲料

槽的定点给料变为沿宽度方向的往复式直线给料,消除料槽中料面的不平和粒度偏析现象,从而大大改善台车宽度方向布料的不均匀性。表 2-3、表 2-4 和图 2-2 反映了不同布料方式的布料效果。生产实践证明,使用梭式布料后,能大大改善布料质量和使烧结矿成分均匀。

表 2-3 不同布料方式台车上混合料粒度的分布   (%)

取样位置		左	中	右
大于 10mm	梭式布料器固定	6.26	3.91	9.85
	梭式布料器运转	8.14	7.59	7.66
0~1mm	梭式布料器固定	45.01	41.61	40.70
	梭式布料器运转	46.62	45.13	47.87

表 2-4 台车上混合料中碳的分布   (%)

梭式布料器运转情况	台车上的位置			在料层中的位置		
	左	中	右	左	中	右
梭式布料器固定	4.47	4.15	4.32	4.5	4.36	4.06
梭式布料器运转	4.17	4.12	4.17	4.30	4.22	4.07

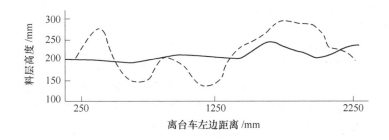

图 2-2 不同布料方式的料面形状
—— 梭式布料器运动;--- 梭式布料器固定

厚料层烧结时,在反射板前安装一松料器(埋置于料层中),使下滑物料在松料器上受到阻挡,减轻料层的压实程度,对改善透气性有良好作用。

任务 2.2 点　　火

点火的目的在于供给足够的热量,将表层混合料中的固体燃料点燃,并在抽风的作用下继续往下燃烧产生高温,使烧结过程自上而下进行;同时,向烧结料层表面补充一定热量,以利于表层产生熔融液相而黏结成具有一定强度的烧结矿。所以,点火的好坏直接影响烧结过程的正常进行和烧结矿质量。为此,烧结点火应满足如下要求:有足够高的点火温度,有一定的高温保持时间,适宜的点火真空度,点火废气的含氧量应充足,并且沿台车宽度点火要均匀。

2.2.1　点火温度

点火温度既影响表层烧结矿强度，还关系到烧结过程能否正常进行。实际生产中常将点火温度控制在(1000±50)℃。点火温度高低常由以下因素决定：

（1）点火温度应保证将表层的碳点着，使下层碳能正常燃烧。

（2）在现代烧结中不要求表层产生熔融液相而形成烧结矿，因为即使形成了烧结矿由于冷却速度过快，大部分也是玻璃体黏结，强度很差。在翻机时，在单辊机处均粉碎为返矿。

（3）降低点火温度可大大降低点火能耗，由过去的 0.16~0.25GJ/t 降低到 0.03~0.08GJ/t。

点火温度受燃料发热值、燃料用量和过剩空气系数的影响。一般采用的点火燃料为焦炉煤气或焦炉与高炉的混合煤气，混合煤气的发热值 Q 应不低于 5880~6720kJ/m³。常用混合煤气（焦炉煤气15%，高炉煤气85%）的发热值为 5880kJ/m³，煤气和空气的混合比控制在 1:1~1:1.5 之间。生产中点火温度，空气、煤气用量均有自动记录，并可自动或人工调整。在人工调整时，可根据火焰情况判断温度高低。温度高时，火焰发亮，呈橘黄色；温度适当，火焰呈黄亮色。当空气煤气比例不当，如空气过多、煤气不足时，火焰呈暗红色或红色；而煤气过多、空气不足时，火焰呈蓝色浑浊状，二者均使火焰温度降低。为便于调节，要求煤气压力不低于 2000Pa(200mm H_2O)，空气压力不低于 400Pa(40mm H_2O)。

2.2.2　点火时间

在一定的点火温度下，为了保证表面料层有足够的热量使烧结过程正常进行，还需要足够的点火时间，一般为 45~50s 左右。点火时间取决于点火器的长度和台车移动速度。生产中，点火器长度已定，实际点火时间受机速变动的影响。在采取强化烧结过程，加快烧结速度的情况下，点火时间往往不足，此时，可提高点火温度或延长点火器长度加以弥补。

2.2.3　点火热量

烧结点火热量，我国烧结厂过去多以 1t 成品烧结矿所需的点火热量来表示，通常为 126~168MJ(30~40Mkcal)。但是这不能真实反映出料层表面所获得的点火热量。例如，在烧结堆密度不同的烧结料时，如果单位时间点火热量不变，那么 1t 烧结矿的点火热量可能因为产量变化不大而相近。当堆密度小时，机速快；当堆密度大时，机速慢，堆密度大的表面料层的点火热量比堆密度小的大。因此，考虑到为使不同堆积密度的烧结料表面都能得到相近的点火热量，采用单位料层表面所获得的点火热量 $q(kJ/m^2)$ 作为点火制度的选择指标比较合理。国外有的资料建议 q 值为 33.5~56.7MJ/m²。在原料含结晶水和 CO_2 多、软化温度高时，q 值取上限；反之取下限。q 值可以用点火时间 $t(min)$ 和点火器的供热强度 $J(kJ/(m^2·min))$ 来决定：

$$q = t \times J$$

在单位点火时间内,给单位点火面积所提供的热量称为点火器的供热强度 J ($kJ/(m^2 \cdot min)$)。目前,我国多数烧结厂点火器的供热强度 J 为 $42 \sim 54.6 MJ/(m^2 \cdot min)$,接近或高于一般水平,但点火热量普遍较低,这主要是由于机速快、点火器长度不够、点火时间短造成的。

为了改进点火工作,往往采用延长点火器长度、增设保温段的方法,使点火时间延长,也使点火更趋于均匀,并有保温作用。烧结料表层温度水平增高,受高温作用时间较长,可以获得充足的热量,有利于表层粉料固结,提高表层烧结矿强度和成品率。这种方法在料层较薄时有很好的作用。例如,某厂把点火器长度由 2.25m 延长到 4.5m 后,烧结各项指标有了明显提高,烧结矿小于 5mm 的部分减少了 12.4%,烧结矿含硫量由 0.160% 减小到 0.065%。现在,烧结料层高度有了很大提高,表层烧结矿占整个烧结料层的比例很小,因此,这种方法也就不那么重要了。

在不采取其他加热措施(如热风烧结)条件下,表层烧结温度水平和热量在极大程度上是受点火制度影响的。在生产熔剂性烧结矿时,因料层透气性好,机速快及石灰石分解耗热,所以适当提高点火温度和增加供热强度(6% ~ 10%),对改善烧结矿强度是有利的。当前国内外研制的许多新型点火器,都是采用集中火焰点火,可以有效地使表层混合料在较短时间内获得足够热量,而且还可以降低点火燃耗。

2.2.4 点火深度

为了使点火热量都进入料层集中于表层一定厚度内,更好地完成点火作业,并促使表层烧结料熔融结块,必须保证有足够的点火深度,通常应达到 30 ~ 40mm。实际点火深度主要受料层透气性的影响,也与点火器下的抽风负压有关。料层透气性好,抽风真空度适当高,点火深度就增加,对烧结是有利的。

2.2.5 点火真空度

点火真空度指机头第一风箱内的负压。若点火真空度过高,会使冷空气从点火器四周的下沿大量吸入,导致点火温度降低和料面点火不均匀,以至台车两侧点不燃,另外表面料层也随空气的强烈吸入而紧密,降低料层的透气性;同时,过高的真空度还会增加煤气消耗量。真空度过低,抽力不足,又会使点火器内燃烧产物向外喷出,不能全部抽入料层,造成热量损失,恶化操作环境;且容易使台车侧挡板变形和烧坏,增大有害漏风,降低台车的寿命。因此,点火器下抽风箱的真空度必须要能灵活调节控制,使抽力与点火废气量基本保持平衡。现代烧结机点火真空度最好的是控制炉膛内压力为零或微负压。

2.2.6 点火废气含氧量

点火煤气燃烧后的废气含氧量也需要加以控制,特别是对大型烧结机更为重要。因为废气中含有足够的氧可保证混合料表面的固体燃料充分燃烧,这不但可以提高燃料利用率,而且也可以提高表层烧结矿的质量。若废气中含氧量太低,则对表面料层中碳的燃烧不利，燃烧速度减慢，高温区延长，温度降低；同时，碳还可能与 CO_2 及 H_2O 作用而吸收热量，使上层温度进一步降低，表层烧结矿的强度下降，影响点火效果。实验研究表明，通常燃料燃烧必须保证点火废气中含氧量达到12%；否则，固体燃料将不会燃烧，而只能达到灼热状态，要到离开点火器之后，燃烧反应才能进行，这实际上就降低了有效烧结面积。根据前苏联经验，当点火废气中的氧量为13%时，固体燃料的利用率与混合料在大气中烧结时相同。在氧含量为3%~13%的范围内，点火废气增加1%的氧，烧结机利用系数提高0.5%，烧结矿的燃料消耗降低0.3kg/t。

废气中含氧量的高低，取决于使用的固体燃料量和点火煤气的发热值。固体燃料配比越高，要求废气含氧量越高；点火煤气发热值越高，达到规定的燃烧温度时，允许较大的过剩空气系数，因而废气中氧的浓度越高。当使用低发热值煤气时，可采用预热助燃空气来提高燃烧温度，从而为增大过剩空气系数，提高废气含氧量创造条件。前苏联生产实践表明，利用300℃的冷却机废气助燃点火，可提高氧含量2%，并可减少天然气或焦炉煤气17%、高炉煤气6.6%，降低固体燃耗0.5~0.7kg/t，同时增产0.6%~0.8%。另外，无论对高发热值煤气或低发热值煤气，采用富氧空气点火都是提高废气氧含量的重要措施。点火废气中含氧量增加到9%~10%，氧消耗为3.5m³/t时，烧结矿生产率可提高2.5%~4.5%，固体燃耗可降低10kg/t。但是采用富氧空气费用高，而且氧气供应困难。

任务2.3　带式抽风烧结

2.3.1　抽风烧结过程概述

目前，各烧结厂所使用的烧结机，几乎都是从下部抽风的带式烧结机。

抽风烧结是将准备好的含铁原料、燃料、熔剂，经混匀制粒，布到烧结台车上，台车沿着烧结机的轨道向排料端移动。台车移动的同时用点火器在烧结料面点火，下部风箱强制抽风，通过料层的空气和烧结料中燃料燃烧所产生的热量，使烧结混合料经受物理和化学的变化，生成烧结矿。到达排料端时，烧结料层中进行的烧结反应即告终结。

烧结过程是复杂的物理化学反应的综合过程。在烧结过程中进行着燃料的燃烧和热交换，水分的蒸发和冷凝，碳酸盐和硫化物的分解和挥发，铁矿石的氧化和还原反应，有害杂质的去除，以及粉料的软化熔融和冷却结晶等。其基本现象是：混合料借点火和抽风使其中的碳燃烧产生热量，并使烧结料层在总的氧化气氛中又具有一定的还原气氛，因而，混合料不断进行分解、还原、氧化和脱硫等一系列反应，同时在矿物间产生固-液相转变，生成的液相冷凝时把未熔化的物料粘在一起，体积收缩，得到外观多孔的块状烧结矿。

按烧结料层中温度的变化和烧结过程中所产生的物理化学反应，烧结料层可分为五个带（或五层）。点火后，从上往下依次出现烧结矿层、燃烧层、预热层、干燥层、过湿层。这些反应层随着烧结过程的发展而逐步下移，在到达炉箅后才依次消失，最后只剩下烧结矿层，如图2-3所示。

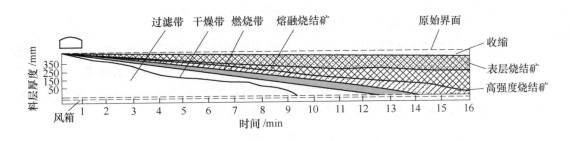

图 2-3 带式烧结机烧结过程进行情况

2.3.1.1 烧结矿层

在烧结料中燃料燃烧放出大量热量的作用下，混合料中的脉石和部分含铁矿物在固相下形成低熔点的矿物，在温度提高后熔融成液相。随着燃烧层的下移及冷空气的通过，物料温度逐渐下降，熔融液相被冷却凝固成多孔结构的烧结矿。高温熔体在凝固过程中进行结晶，析出新矿物。烧结矿层透气性较混合料好，因此，烧结矿层的逐渐增厚使整个料层的透气性变好，真空度变低。

烧结矿层的主要变化是，高温熔融物凝固成烧结矿，伴随着结晶和析出新矿物；同时，抽入的空气被预热，烧结矿被冷却，与空气接触的低价氧化物可能被再氧化。

2.3.1.2 燃烧层

又称高温带，该层燃料激烈燃烧，产生大量的热量，使烧结料层温度升高，部分烧结料熔化成液态熔体。燃烧层温度一般为 1300~1500℃，该层厚度为 15~50mm，其厚度取决于燃料用量、粒度和通过的空气量。由于熔融物液相对空气穿透阻力很大，所以为强化烧结过程，人们总设法减弱该层厚度。

燃烧层是烧结过程中温度最高的区域。这里除碳的燃烧、部分烧结料熔化外，还伴随着碳酸盐的分解，硫化物和磁铁矿的氧化，部分赤铁矿的热分解、还原等。燃料燃烧和上部下来的空气显热一起产生的热量，将烧结料加热到一定温度，同时供给下层料以热气体。

2.3.1.3 预热层

空气通过燃烧层参加反应后即携带一部分热量进入下部料层，在燃烧排出的热废气作用下，料层中的水分被蒸发，并使烧结料被加热到燃料的着火温度（700℃），这一区域称为预热层。

预热层的厚度较薄，一般为 20~40mm，与燃烧层紧密相连，温度一般为 400~800℃。在预热层中由于高温的发展，开始发生碳酸盐的分解、硫化物的分解和着火氧化、结晶水分解、燃料中挥发物的分解和固体炭的着火、部分低价铁氧化物的氧化，以及组分间的固相反应。

2.3.1.4 干燥层

从预热带进入下层烧结料的热废气,迅速将物料加热到100℃以上,因此烧结料中水分激烈蒸发,这一区域称为干燥层,干燥层的厚度一般为5~25mm。在实际烧结过程中预热层与干燥层难于截然分开,因此有时统称干燥预热层。干燥层虽然很薄,但由于水分激烈蒸发,成球性差的物料团粒易被破坏,使整个料层透气性变差。

2.3.1.5 过湿层

从烧结开始,通过烧结料层中的气体含水量就开始逐渐增加,这是因为点火后部分烧结料所蒸发的水汽进入气流中。当下部烧结料温度低于"露点"温度(一般为60~65℃)时,气流中的水汽冷凝。因此,这部分的烧结料含水量就超过了原始水分而出现了过湿现象,所以这一区域称为过湿层,它位于干燥层之下。

由于水汽冷凝,使得料层的透气性恶化,对烧结过程产生很大的影响。

2.3.2 燃料的燃烧与热交换

烧结过程中,固体燃料燃烧所获得的高温和CO气体,为液相生成和一切物理化学反应的进行提供了所必需的热量和气氛条件。燃料燃烧所产生的热量占全部热量的90%以上。燃烧带是烧结过程中温度最高的区域,也是一些主要反应的策源地。因此,碳的燃烧是决定烧结产量和品质的重要条件,也是影响其他一系列过程的重要因素。

2.3.2.1 燃烧反应的一般规律

所谓燃烧反应就是在着火温度下,燃料中的可燃成分被激烈氧化的过程,并放出大量热量。烧结生产所用的固体燃料焦粉和无烟煤燃烧的一般原理如下。

固体炭反应是属于多相反应,其基本形式为:

$$\text{固体炭} + \text{气体}_{(1)} = \text{气体}_{(2)} + Q$$

燃烧反应的结果是固体炭消失而形成气体,并放出热量,这种类型的反应过程可以概括为下列几个连续进行的步骤:

(1) 气体$_{(1)}$分子扩散到固体炭表面;
(2) 气体$_{(1)}$分子被固体炭表面吸附;
(3) 被吸附的气体$_{(1)}$和炭发生化学反应,形成中间产物;
(4) 中间产物断裂,形成反应产物气体$_{(2)}$(CO和CO_2);
(5) 反应产物(气体$_{(2)}$)脱附,离开炭表面向气相扩散。

上述吸附、化学反应、脱附这三个环节是连续进行不可分割的,通常称它们为吸附-化学反应。

固体炭的燃烧过程所发生的化学反应按下列反应式进行:

$$C + O_2 = CO_2 + 33034 \quad \text{kJ/kg} \tag{2-1}$$

$$2C + O_2 = 2CO + 9797 \quad \text{kJ/kg} \tag{2-2}$$

$$CO_2 + C = 2CO - 13816 \quad kJ/kg \qquad (2\text{-}3)$$

$$2CO + O_2 = 2CO_2 + 23614 \quad kJ/kg \qquad (2\text{-}4)$$

式（2-1）和式（2-2）称为初级反应或一次反应，式（2-3）和式（2-4）称为次级反应或二次反应。

哪一种产物是初级产物，到目前为止还没有统一的认识，近年来比较新的说法是：碳和氧作用时，氧被吸附在赤热的炭粒表面，形成结构不稳定的复合物 C_xO_y，当温度升高时，在新的分子冲击下或由于热作用使这些复合物分解，并按一定比例放出 CO_2 和 CO：

$$C_xO_y \longrightarrow mCO + nCO_2 \qquad (2\text{-}5)$$

在其他条件不变的情况下，反应产物中 CO/CO_2 比值与温度有关。据试验测定，当温度低于 1200~1300℃时，反应产物中 CO/CO_2 比值等于 1；反应按式（2-6）进行：

$$4C + 3O_2 = 2CO + 2CO_2 \qquad (2\text{-}6)$$

当温度大于 1450℃时，反应产物 CO/CO_2 比值等于 2，反应按式（2-7）进行：

$$3C + 2O_2 = 2CO + CO_2 \qquad (2\text{-}7)$$

烧结过程中，燃烧层的理论燃烧温度一般在 1300~1500℃，故反应处于中间过渡状态，燃烧产物 CO/CO_2 比值在 1~2 之间。

固体炭的燃烧反应速度取决于两个因素：固体炭与气体(1)的化学反应速度和气体(1)向固体炭表面扩散的速度。燃烧过程的总速度取决于两者之间最慢的一个过程，如果过程主要是受前一个因素的影响，则称为"动力学燃烧区域"，反之则称为"扩散燃烧区域"：

当燃烧处于动力学燃烧区域时，过程的速度主要受温度的影响，反应速度随温度增加而增加；当反应温度增高一定值时，反应速度主要取决于扩散燃烧区域的气体(1)的扩散速度。凡是影响气体扩散的因素，如固体燃料的粒度、气流速度和压力都影响反应过程的总速度。烧结过程是在高温下进行的，故其反应基本上是在扩散区域内进行，即扩散阻力阻碍着燃烧反应速度的进一步加快，直接影响烧结速度。

为了提高燃烧速度，加速烧结过程的进行，就要求改善固体燃料配加方式（如外配碳）和烧结料层中的流体力学条件（如减少漏风率、加大抽风速度及改善烧结料层的透气性等）。

2.3.2.2 烧结料层中炭的燃烧反应

烧结料层中的燃烧特点：一是料层中燃料较少而分散，按质量计燃料只占总料重 3%~5%，按体积计不到总体积的 10%；小颗粒的炭分布于大量矿粒和熔剂之中，致使空气和炭接触比较困难，为了保证完全燃烧需要较大的空气过剩系数（通常为 1.4~1.5）。二是燃料燃烧从料层上部向下部迁移，料层中热交换集中，燃烧速度快，燃烧层温度高。并且燃烧带较窄（15~50mm），料层中既存在氧化区又存在还原区，炭粒表面附近 CO 浓度高、O_2 及 CO_2 浓度低；同时铁的氧化物参与了氧化还原反应，燃烧废气离开料层时还存在着自由氧等，这些燃烧特点，决定着料层的气氛；而不同的气氛组成对烧结过程将产生很大的影响。

A 烧结料层中的废气成分

烧结料中碳含量少且分散，高温区集中，热交换激烈，当废气离开燃烧带时温度急剧降低，因此，烧结废气中既有 CO、CO_2、N_2，也有自由氧及少量的氢等，表 2-5 是在不同烧结条件下燃烧带的废气组成。

表 2-5 不同烧结条件下燃烧带的废气成分

配料组成		废气成分 $w/\%$				$w(CO)/w(CO_2)$	$w(CO)/w(CO+CO_2)$	空气过剩系数
		CO_2	CO	O_2	N_2			
湿石英 + 焦粉		9.3	10.6	3.7	76.4	1.14	0.53	1.22
焦粉为 5% 的非熔剂性赤铁矿		17.8	5.0	2.8	74.4	0.231	0.219	1.16
赤铁矿 + 25% $CaCO_3$，焦粉用量	3.75%	17.7	2.8	6.9	72.6	0.159	0.137	1.55
	4.00%	19.8	3.0	5.4	71.8	0.151	0.132	1.27
	4.50%	20.1	3.9	4.7	71.3	0.194	0.162	1.33
	5.00%	21.9	4.5	2.6	70.9	0.210	0.174	1.16
	6.00%	23.9	5.2	1.2	69.7	0.217	0.178	1.07

从表 2-5 中可以看出，燃烧废气的成分与烧结原料、燃料用量以及抽入空气的过剩系数有关。

a 原料条件

不同的烧结原料，其废气组成也不同。通常用 $w(CO)/w(CO_2)$ 之比值或指数 $w(CO)/w(CO+CO_2)$ 来评价废气组成。为排除烧结过程中的氧化、还原及分解反应的影响，采用湿石英代替矿粉进行烧结，经测定燃烧带来的废气组成中 $w(CO)/w(CO_2) = 1.0 \sim 1.5$，基本符合上述分析。但是，当用赤铁矿生产非熔剂性烧结矿时，废气中 CO_2 升高，CO 下降，$w(CO)/w(CO_2)$ 明显减小。这是因为 Fe_2O_3 在燃烧带高温作用下，会发生下列分解反应：

$$3Fe_2O_3 = 2Fe_3O_4 + 1/2O_2$$

及 CO 氧化为 CO_2，反应如下：

$$3Fe_2O_3 + CO = 2Fe_3O_4 + CO_2$$

$$Fe_3O_4 + CO = 3FeO + CO_2$$

随着原料条件的改变，烧结的废气组成也发生变化。在一般情况下，烧结非熔剂性烧结矿时（焦粉用量 4.5% ~ 7.5%），$w(CO)/w(CO_2) = 0.2 \sim 0.3$，而指数 $w(CO)/w(CO+CO_2)$ 在这种条件下通常为 0.22；当烧结熔剂性烧结矿时，因 $CaCO_3$ 分解放出 CO_2，使废气中 CO_2 增加，$w(CO)/w(CO_2)$ 比值也随着下降。例如，当烧结含碳 5% 的非熔剂性混合料时，其变化见表 2-5。

b 燃料用量

当配料中燃料用量增加时，废气中 CO 和 CO_2 都会增加。这是由于，在抽入空气量不变的情况下，燃料用量增加，则空气过剩系数降低，结果使燃烧层温度升高和还原区扩大，故 $w(CO)/w(CO+CO_2)$ 的比值升高。说明烧结过程中还原反应加强。

c 空气过剩系数

计算固体炭燃烧，空气过剩系数 a 具有重大作用。空气过剩系数不但影响 CO 和 CO_2 的相对含量，也可使 $w(CO)/w(CO_2)$ 的比值发生变化。空气过剩系数可按式（2-8）计算：

$$a = V_a/V_o \tag{2-8}$$

式中 V_a——进入燃烧层的实际空气量；

V_o——按燃烧反应方程式 $3.76N_2 + C + O_2 = 3.76N_2 + CO_2$，使碳完全燃烧理论上所需最小空气量。

由于空气中 N_2 不参与化学反应，固体燃料挥发分中的 N_2 可以忽略不计，生产中可根据废气中 N_2 量计算空气过剩系数 a：

$$a = w(N_2)/[w(N_2) - 3.76w(O_2)] \tag{2-9}$$

式中 $w(N_2)$，$w(O_2)$——废气中 N_2，O_2 的含量；

3.76 = 0.79/0.21——干空气中氮氧之比。

根据多次测定，通过烧结料层的空气过剩系数 $a = 1.4 \sim 1.5$，当考虑烧结机的漏风损失时，a 值增大到 $2.7 \sim 3.0$。

此外，当空气中含有水分及烧结料中含有结晶水时，将发生下列反应：

$$H_2O + C = CO + H_2$$

$$2H_2O + C = CO_2 + 2H_2$$

因此，废气中常含有少量的 H_2（一般为 2.5% ~ 3.0%）。

B 料层中的气氛性质

烧结料层中废气成分表明，自由氧含量一般为 2% ~ 6%，可以认为是弱氧化性或氧化性气氛。但对磁铁矿来说，在上述气氛中，可能被氧化，也可能被还原。因此，在评价废气的气氛性质时，不仅要看废气的成分，还要考虑烧结的具体条件以及某些局部区域的气氛。我们知道，固体燃料是在炭粒表面进行的，燃烧反应为：

$$C + O_2 = CO_2$$

$$2C + O_2 = 2CO$$

第一个反应为碳的完全燃烧反应，产物为 CO_2。当供氧充足时，将发生碳的完全燃烧反应；第二个反应为碳的不完全燃烧反应，产物为 CO。当供氧不足时将发生碳的不完全燃烧反应。

在炭粒附近，由于燃料燃烧反应的连续进行，可能供氧不足，碳按第二个反应式燃烧的可能性大，同时可能发生 $C + CO_2 = 2CO$ 反应。因此，炭粒附近 CO 浓度较高，呈现还原气氛；在远离炭粒的地区，自由氧较高，呈现氧化性气氛。还原大小的相对量取决于单位体积烧结料中燃料的表面积，所以，燃料用量的增加和燃料粒度减小，则还原区相对大些。这就是随着燃料用量增加烧结矿中 FeO 含量高的原因。因此，适宜的燃料用量和燃料粒度是改善烧结矿品质的重要因素。

综上所述，从宏观上讲，烧结料层的气氛是氧化性气氛，但在炭粒附近存在局部还原性气氛。

2.3.2.3 烧结料层中的温度分布和热交换

A 烧结料层中的温度分布特点和热交换

燃料燃烧的结果直接影响烧结料层的温度，燃烧过程不是等温过程，所谓烧结温度只反应烧结料层中某一点所能达到的最高温度。

图 2-4 所示为点火烧结后，在不同的时间内温度沿料层高度的分布曲线。由图 2-4 可知，不管料层高度、混合料性质以及其他因素如何，这些温度曲线的形状、变化趋势都是相似的。

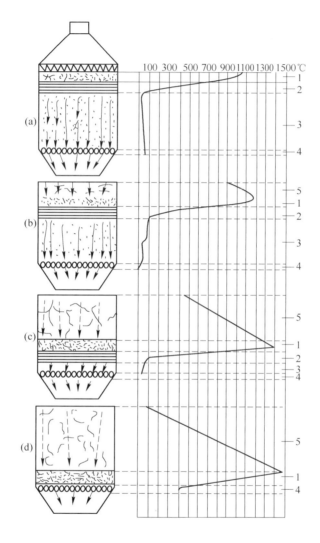

图 2-4 沿料层高度温度的分布曲线
(a) 点火完毕；(b) 点火完毕后 2min；(c) 烧结开始后 8~10min；(d) 烧结终了前
1—燃烧带；2—干燥和预热带；3—水分冷凝和过湿带；4—床层；5—烧结矿固结和冷却带

燃烧带是温度最高区域，其温度水平主要取决于固体燃料燃烧放出的热量，同时与空气在上部被预热的程度有关。因而，在烧结过程中，随着燃烧带下移，由于上层烧结矿层具有自动蓄热作用，最高温度逐渐升高。据试验测定，当燃烧带上部的烧结矿层达 180~220mm 时，上层烧结矿层的自动蓄热作用可提供燃料层总热量的 35%~45%，所以燃烧层的最高温度是沿料层高度自上而下逐渐升高的。但是，当上部烧结矿层超过 200mm 以后，换热量的增长速度变慢，此时从上部空气带进燃烧带的热量达到接近恒值的最高水平。因此，从烧结的经济性和节约燃料用量的观点看来，采用高料层烧结是有利的，也能改善产品的品质，这是当今发展高料层烧结的理论依据。或者采用上层配碳多，下层配碳少的双层烧结工艺。

从温度分布规律可以看出烧结过程热交换特性，在燃烧带的上部区域主要是对流传热，烧结矿的热量与自上而下的冷空气进行热交换，此时，温差、传热面积是对流传热的决定因素。烧结料孔隙度高，总表面积大，热交换进行得十分激烈，使气体温度升高很快；在燃烧带下部区域炽热的气体将热量传给下层烧结料，使之预热干燥，由于热交换面积大，气体温度很快降低，预热干燥料层温度升高，主要是靠对流传热。燃烧带颗粒因熔融而密集以及空气通过等特点，所以三种热交换形式，对流、传导、辐射都有发生。

总之，烧结料层中热交换是非常激烈的，废气通过极短的路程（一般小于40mm），温度从1300~1400℃迅速下降到50~60℃；而混合料温度迅速升高，如预热带的升温速度最高可达1700~2000℃/min，干燥带物料的升温速度最高可达500℃/min。因此，烧结过程可在较短时间内完成，当料层小于300mm时，烧结时间一般为12~16min。

B 高温区的温度水平和厚度

高温区的温度水平和厚度对烧结矿的产量、品质影响很大。高温区温度高、生成液相多，可提高烧结矿的强度；但温度过高，又会出现过熔现象，恶化烧结料层的透气性，使气流阻力大，从而影响产量，同时烧结矿的还原性变差。高温区的厚度过大同样会增加气流阻力，也易造成烧结矿过熔；但厚度过小，不能保证各种高温反应所必需的时间，当然也会影响烧结矿的产量和品质。

因此，获得适宜的高温区温度和厚度，是改善烧结生产的重要问题。一般说来，高温区的温度水平和厚度，既取决于高温区的热平衡，也取决于固体炭的用量、燃烧速度、传热速度和黏结相的熔点等。

图2-5所示是烧结料层高温区热平衡示意图，从中我们可以看出下列平衡关系：

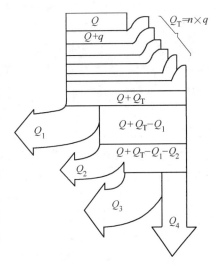

图 2-5 烧结料层高温区热平衡

$$Q + Q_T = Q_1 + Q_2 + Q_3 + Q_4 \tag{2-10}$$

$$Q_2 = mct_{高} \tag{2-11}$$

即：
$$t_{高} = Q_2/(mc) = (Q + Q_T - Q_1 - Q_3 - Q_4)/(mc) \tag{2-12}$$

式中 Q——外部热源的总热量；

Q_T——高温区料层中内部热源的总热量（包括燃料燃烧在内的各种放热和吸热反应的总效应）；

Q_1——用于加热高温区上层烧结矿的热量；

Q_2——用于加热高温区混合料（干）的热量；

Q_3——用于加热高温区下层料的热量；

Q_4——离开料层的废气带走的热量；

m——高温区料重，kg；

c——混合料比热容，kJ/(kg·℃)；

$t_高$——高温区最高温度，℃。

由式（2-12）得知，凡增加料层中的放热反应，及减少吸热反应的一切措施，均有助于提高高温区的温度水平。

增加燃料用量是增加高温区料层中内部热源的总热量 Q_T 的重要手段，可有效提高燃烧层的温度水平。图2-6表示燃料用量对料层中最高温度的影响。当燃料用量低时（如曲线1、2），烧结料层的热量主要来源于外部热源 Q，而 Q 通过每个水平料层又将热量传给物料，Q 就会不断减少。在 $Q_T < Q_1$ 的情况下，就会出现高温区的温度水平将随烧结过程向下发展而发生不断降低的趋势。随着燃料用量的增加（如曲线3、4），由于固体燃料燃烧所产生热量 Q_T 增大，$Q_T = Q_1$ 时，即热量达到平衡时，不同料层高度的最高温度稳定在同一水平线上。

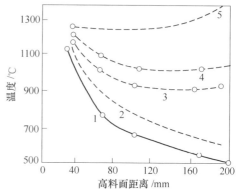

图2-6 燃料用量对各层最高温度的影响

曲线1~5的配碳量分别为0.0%、0.05%、1.0%、1.5%、2.5%；物料粒度3~5mm，空气耗量为79.5m³/(m²·min)

当燃料用量继续增加到某一值时，$Q_T > Q_1$（如曲线5），这时由于上部烧结矿层的自动蓄热作用，使进入燃烧层的空气温度升高，所以随着烧结过程的向下发展，高温区的温度水平不断上升。在烧结生产实践中，绝大多数处于 $Q_T > Q_1$ 的情况。但必须注意到，由于燃料在布料时的偏析现象，使下部料层含碳量高于上部料层，造成温度不均，上下料层的温差是引起烧结矿品质不均的直接原因。

此外，增加燃料用量，也增加了高温区的厚度，这是由于燃料用量增加后，通过高温区的气流中含氧量相对降低，使燃烧速度降低，高温区厚度随之增加。并且在其他条件相同时，越向下，高温区越厚，温度越高，结果烧结矿质量不均的现象越严重，上层强度差，而下层还原性不好。

燃料粒度对高温区温度的影响如图2-7所示。燃料粒度小，比表面积大，与空气接触条件好，燃烧速度快。因此，高温区温度水平高、厚度小；当燃料粒度增加时，会降低燃烧速度、改善料层透气性，使燃烧层变厚和高温区温度降低。因此，适宜的燃料粒度组成，既要考虑燃料的燃烧速度，又要考虑其他物料的粒度组成、导热性能和烧结矿强度，通常由试验来确定。在精矿粉烧结时，适宜的焦粉粒度为0.5~3.0mm。小于0.5mm的焦粉会降低料层的透气性，易被气流吹动而产生偏析，同时燃烧难以达到需要

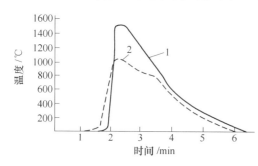

图2-7 燃料粒度对料层中最高温度的影响

1—0~1mm；2—3~6mm

的高温和足够的高温保持时间，但当焦粉粒度大于 3mm 时，易造成布料偏析，将造成燃烧层变厚及烧结矿强度下降等不良后果。

固体燃料的燃烧性能也会影响料层高温区的温度水平和厚度。无烟煤与焦粉相比，孔隙度小得多，其反应能力和可燃性差，故用大量无烟煤代替焦粉时，烧结料层中会出现高温区温度水平下降和厚度增加的趋势，从而导致烧结垂直速度下降。如某烧结厂使用无烟煤粉代替焦粉，成品烧结矿产出量从 53.5% 下降到 41.0%。但无烟煤来源充足，价格便宜，试验证明用无烟煤粉代替 20%～25% 焦粉时，对烧结矿的产量、品质没有影响。当使用无烟煤作燃料时，必须注意改善料层的透气性，把燃料粒度降低一些，同时还要适当增加固体燃料的总用量。

当增加返矿用量时，出于它能减少吸热反应，有助于提高燃烧温度，在燃料用量相同的情况下，生产熔剂性烧结矿时，由于加入石灰石的分解吸热而使 Q_T 降低，会导致燃烧层温度下降，如生产碱度 $w(CaO)/w(SiO_2)=1$ 的熔剂性烧结矿时，燃烧层的最高温度下降 150～180℃。热风烧结时，烧结过程总的速度是由燃烧速度和传热速度决定的。在低燃料条件下，燃烧速度较快，烧结速度取决于传热速度；在正常或较高燃料条件下，烧结速度取决于燃烧速度。当燃烧速度与传热速度相差较大时，高温区的温度水平和厚度都受二者的影响，如图 2-8 所示。

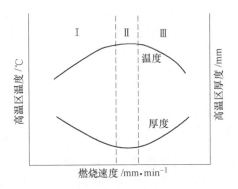

图 2-8 燃烧速度与高温区温度和高温区厚度关系

在传热速度大大慢于燃烧速度情况下（区域Ⅲ），这时上部的大量热量不能用于提高下部燃料的燃烧速度，燃烧和传热过程不能"同步"进行。因此，高温区最高温度降低，高温区厚度增大。当传热速度大大超过燃烧速度时（区域Ⅰ），燃烧反应放出的热量是在该层通过大量的空气之后。因此，二者都使高温区增厚和温度水平降低。只有当燃烧速度与传热速度同步时（区域Ⅱ），上层积蓄的大量热被用来提高燃烧层燃料的燃烧温度，此时可以获得最高的燃烧温度和最低的高温区厚度。燃烧与传热是密切相关的，因此温度达到一定水平才能燃烧，而燃烧又放出大量热量，若传热速度过快或过慢，以至达不到燃料的着火温度时，皆会中断燃烧。所以，在实际生产中所遇到的情况，多是燃烧与传热速度相近的。

使用富氧空气可以加快碳的燃烧速度，但对传热速度影响不大。在燃烧性和料层透气性好的情况下，富氧抽风可以提高烧结速度和烧结温度。但在相反情况下，富氧抽风对烧结速度影响不大，烧结温度还可能降低。

高温区厚度计算（即燃烧带大小的计算）可采用 C.T 布拉塔可夫及 B.U. 杜卡什提出的新方法，其计算公式如下（烧结料内燃料与惰性料组成并两者不发生化学反应）：

$$E_0 = Ut_0 = \frac{nwdl_n C_0/C_H}{6\sqrt{2(1-m)}(a_{1f}+a_{2f})[1-\sqrt{b}\cot(1/\sqrt{b})]} \quad (2-13)$$

式中　E_0——燃烧带的宽度；

　　　U——燃烧带的移动速度；

t_0——焦粒完全燃烧时间（燃料的燃烧反应以扩散区为主）；

a_{1f}，a_{2f}——在燃料表面形成 CO 及 CO_2 的速度常数，$a_{1f} = 3.02 \times 10^3 e^{-41600/RT}$，$a_{2f} = 0.2 \times 10^3 e^{-28000/RT}$；

T——赤热燃料粒表面的平均温度，由区域热平衡计算得到；

w——料层水平面上一定温度时的气流速度；

m，n——料层的透过系数（气孔度）；

d——燃料粒度直径；

C_H——氧开始的浓度；

C_0——碳完全燃烧时的浓度；

b——系数。

系数 b 取决于燃料比表面积（a_T）、惰性物料比表面积（a_m）及混合料中燃料的体积（V），b 可由式（2-14）计算：

$$b = \frac{a_m}{a_T} \frac{1-V}{V} \tag{2-14}$$

当燃料粒度与惰性物料粒度相同时：$b = \frac{1-V}{V}$

式（2-13）表明：燃烧带的宽度是由燃料粒度直径、煤气速度、原始气体中氧的浓度、料层透气性及系数 b 来决定的。计算结果与实验室测定结果很接近，但由于计算式的假定条件与实际生产条件有差别，计算结果与实际总是有误差，其值不超过 30%～40%。

C　高温区的移动速度

烧结料层中的高温区移动速度，一般是指燃烧带温度最高点的移动速度，即垂直燃烧速度，用 $v(mm/min)$ 来表示：

$$v = \frac{H}{t} \tag{2-15}$$

式中　H——烧结料层高度，mm；

t——自点火开始到烧结终了的时间，min。

垂直烧结速度是决定烧结矿产量的重要因素，产量同垂直烧结速度基本上成正比关系。但是，当烧结速度过快时，因不能保证烧结料进行物理化学反应必需的高温保持时间，会使烧结矿强度下降，从而影响烧结矿的成品率。因此，只有成品率不降低或是降低不多的情况下，提高垂直烧结速度才是有利的。

烧结料层中温度最高点的移动速度，实际上反映了燃烧带的下移速度和传热速度。实验证明，当烧结配料中碳量较低时（如 3%～4%）烧结过程的总速度由传热速度决定；当配碳适宜和较高时，烧结过程的总速度取决于碳的燃烧速度。而碳的燃烧速度与供氧强度、化学反应速度有关。提高通过料层的风量，一方面供氧充足，使碳燃烧加快；另一方面增加风量可改善气流与物料之间的传热条件。因此，凡是增加通过料层风量的因素，都可加快高温区的移动速度。

此外，烧结料的性质也影响传热速度，具有热存量大、导热性好、粒度小及化学反应吸热量大的烧结料，其烧结速度变小。但在混合料中配入水分和石灰石后，虽然增加了吸热反应，但由于同时改善了料层透气性，使料层风量增大，总的结果是使高温区的移动速度加快。

2.3.3 烧结料层中的气流运动

烧结过程必须向料层中送风，由此，固体燃料的燃烧反应才得以进行，混合料层才能获得必要的高温，烧结过程才能顺利实现。下面就应用气体力学基本理论来讨论烧结料层的透气性与各种工艺参数的关系，以分析提高烧结矿产量的因素。

2.3.3.1 透气性概念

在一定有压差条件下，透气性按单位时间内通过单位面积和一定高度的烧结料层的气体量来表示：

$$G = \frac{Q}{tF} \tag{2-16}$$

式中 G——透气性，$m^3/(m^2 \cdot min)$；

Q——气体流量，m^3；

t——时间，min；

F——抽风面积，m^2。

即在一定压差下，单位时间内通过单位面积烧结料层的气体流量的大小，表示料层透气性的高低。显然，在抽风面积一定时，单位时间内通过料层的空气量越大，则说明烧结料层的透气性越好。

此外，也可以在一定料层厚度的抽风量不变的情况下，以气体通过料层时的压头损失（Δp）来表示料层的透气性，也可按真空度（负压）大小来表示，真空度越高，透气性越差，反之亦然。由此可见，在料层透气性改善后，风机能力即使不变，也可增加通过料层的空气量。

研究烧结料层的透气性，应考虑两个方面，一是烧结料层的原始透气性；二是点火后，烧结过程中料层透气性。前者在一定生产条件下变化不大，而后者由于烧结过程的特点，如料层被抽风压紧密实，烧结料层因温度升高产生软化、熔融、固结等，使透气性发生变化。因此，烧结料的透气性对烧结生产的影响，主要取决于烧结过程的透气性，它的好坏决定着垂直速度的大小。

2.3.3.2 透气性的变化

烧结过程中烧结料层透气性的变化规律如图2-9所示。可以看出，在点火初期，料层被抽风压紧，气体温度骤然升高和液相开始生成，使料层阻力增加，负压升高。烧结矿层形成后烧结矿层的阻力损失出现一个较平稳的阶段。随着烧结矿层的不断增厚及过湿层的逐渐消失，整个矿层阻力减小，透气性变好，所以负压又逐渐消失。

废气流量的变化规律和负压的变化相呼应。当料层阻力增加，在相同的压差作用下，废气流量降低，反之则废气流量增加。而温度的变化规律是和燃料燃烧及烧结矿层的自动蓄热作用相关的。

烧结过程的透气性同各层的阻力有关。表2-6是在真空度5884Pa（即600mmH$_2$O）的烧结条件下，烧结过程中料层各带阻力的测定结果。

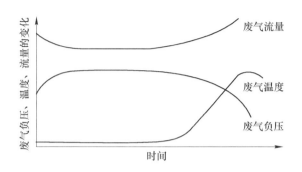

图 2-9 烧结过程中废气负压、温度及流量的变化

表 2-6 烧结料层透气性和各层阻力的变化

原料名称	进气速度/m³·s⁻¹		真空度/Pa	各层阻力/Pa·mm⁻¹				
	点火前	烧结终点		原始料层	烧结矿层(>1100℃)	燃烧层(800~1100℃)	干燥预热层(100~800℃)	过湿层(<100℃)
理想小料球(水分8.75%)	0.56	0.65	5884	2.4	5.7	55	21.5	4.9
普通料(水分10.5%)	0.41	0.68	5884	5.5	2.5	44.5	22.0	9.2

测定数据表明，烧结料每一层的透气性是相差很大的。烧结料的原始透气性都比较好，特别是小球烧结料更好。

与其他各带比较，熔化带即燃烧带阻力最大、透气性最差，因为这一带燃料燃烧，料层温度最高，生成一定数量的液相，所以燃烧带气流阻力最大。显然，温度越高，液相量越多。熔化带厚度的增大，都会促使该层阻力增加。

预热带和干燥带虽然厚度较小（本书测定理想小球料为 17.5mm，普通料为 24.0mm），但其单位厚度的气流阻力较大。这是因为湿料球干燥预热时会发生碎裂，料层空隙度变小，同时，预热带温度高，通过此层实际气流速度增加，从而增加了气体运动的阻力。

过湿层气流阻力与原始料层比较，增大 1 倍左右。这是由于料层过湿，导致粒料被破坏，被黏结或堵塞孔隙，使料层空隙度减小，增加了气流运动阻力。特别是烧结未经预热的细精矿时，过湿现象及其影响更为显著。

烧结矿带即冷却带，由于烧结矿气孔多、阻力小，所以透气性好。随烧结过程自上而下进行，烧结矿层变厚，这一层的增加有利于改善整个料层中的透气性。但在烧结料过熔时，烧结矿气孔率下降，结构致密，透气性变差。

在烧结过程中，由于各带的厚度相应发生变化，故料层的总阻力是变化的。在开始阶段，由于烧结矿层尚未形成，料面点火温度高，抽风造成料层压紧以及过湿层的形成等原因，料层阻力升高，与此同时，固体燃料燃烧，熔融物的形成，以及预热带、干燥带混合料粒的破裂，也会使料层阻力增加，故点火后 2~4min 料层透气性剧烈下降；随后，由于烧结矿层的形成和增厚，以及过湿带的逐渐消失，料层阻力逐渐下降，透气性增加。据此可以推论，垂直烧结速度并非固定不变，而且越向下速度越快。

除此以外，应该指出气流在料层各处分布的均匀性对烧结生产有很大影响。不均匀的气流分布会造成不同的垂直烧结速度，而料层各处的不同垂直烧结速度又会加重气流分布的不均匀性。这就必然产生料层中有些区域烧得好，有些区域烧得不好，势必产生烧不透的夹生料。这不仅减少了烧结矿成品率，而且也降低了返矿品质，容易破坏正常的烧结过程。因此，均匀布料和减少偏析是保证透气性均匀的必要手段。

2.3.3.3 透气性与烧结矿产量的关系

前面已经讲过，烧结机产量 $q[t/(台·h)]$ 可用式（2-17）表示：

$$q = 60KF\gamma C \tag{2-17}$$

显然，烧结机产量与抽风面积 F、烧结料容积密度 γ、烧结矿产出系数 K、垂直烧结速度 C 均成正比。式（2-17）中 K、F、γ 在特定烧结机上烧结某种烧结料时基本上是一个定值，烧结机的生产率只同垂直烧结速度成正比，而垂直烧结速度 C 与单位时间内通过料层的空气数量成正比，即：

$$C = K'W_0^n \tag{2-18}$$

式中 W_0——气流速度，m/s；

K'——取决于原料性质的系数；

n——系数，为 0.8~1.0。

可见，提高通过料层的气流速度，可提高垂直烧结速度，即可成正比地提高烧结矿产量。拉姆辛对散料阻力损失提出下面公式：

$$\Delta p = AHW_0^n \tag{2-19}$$

式中 Δp——真空度，Pa；

W_0——气流通过料层的流速，m/s；

H——料层高度，mm；

A，n——决定料层形状尺寸的系数。

料层形状尺寸系数参见表 2-7。

表 2-7 料层形状尺寸系数

粒级/mm	3~5	1~3	0.5~1	0.3~0.5	0.1~0.3
A	0.30	0.66	1.43	3.40	6.50
n	1.77	1.51	1.39	1.30	1.16

由式（2-19）可以看出，随着抽风负压的增大（即真空度 Δp）、料层厚度 H 的降低，以及烧结料颗粒变大，料层透气性得到改善，通过料层风量增加，烧结矿产量提高。

后来沃依斯提出的散料阻力损失公式 $p = Q/A(H/\Delta p)^{0.6}$ 更为人们所接受并得到广泛应用。

2.3.3.4 改善烧结料层透气性的主要措施

加强原料、燃料、熔剂准备，减少烧结料层各层的气流阻力，改进烧结设备，减少漏风和提高抽风机能力等是改善烧结料层透气的主要措施。

烧结料粒度大小对透气性的影响如图 2-10 所示。图 2-10 中曲线表明，随着矿石粒度的增加，透气性显著改善，而且这种改善随抽风能力增加而加强。因此，选用适当粒度矿石烧结，可以增加物料的空隙率，是改善透气性的重要措施。

（1）加强二次混合机的制粒作用，提高烧结料粒度，改善烧结料粒度组成。烧结料粒度与成球效果和烧结矿的产量、质量关系如图 2-11 所示。

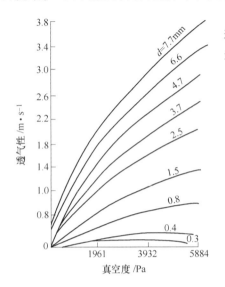

图 2-10 不同粒度矿石层的透气性

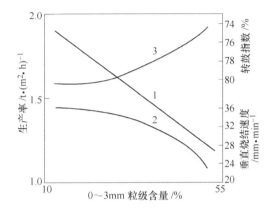

图 2-11 混合料中 0~3mm 含量对烧结指标影响
1—生产率；2—垂直烧结速度；3—转鼓指数

图 2-11 所示为大孤山精矿混合料成球的效果，对烧结矿产质量的影响，混合料 0~3mm 粒度增加，垂直烧结速度降低，烧结生产率降低、烧结矿强度也下降。研究表明，成球效果最好的烧结料粒度组成应是 0~3mm 粒级含量小于 15%，3~5mm 含量小于 30%，不小于 10mm 的不超过 10%。

总之较好的粒度组成是尽量减少 0~3mm 粒级及大于 10mm 粒级的颗粒，增加 3~10mm 粒级的含量。

（2）配加富矿粉、返矿。在实际生产中，常往精矿中配加部分富矿粉和适当增多返矿加入量，以改善料层透气性。

返矿是筛分烧结矿的筛下物，它由小颗粒的烧结矿和少部分未烧透的夹生料所组成。由于返矿粒度粗，具有疏松多孔的结构，其颗粒是湿混合料造粒时的核心。此外，返矿中已含有烧结时生成的低熔点物，增多可烧结液相，所以添加返矿可提高烧结矿的产量和品质。

实验研究表明，随着返矿添加量的增加，烧结矿的强度和产量都会得到提高。但当返矿添加量超过一定限度时，大量的返矿会使混合料的均匀和制粒效果变差，水和碳波动大，透气性过好，又会反过来影响燃烧层温度，达不到烧结时的必需温度。其结果使烧结矿强度变坏、生产率降低。同时，还必须看到，返矿是烧结生产的循环物，它的增加就意味着烧结生产率的降低。换句话说，烧结料中添加的返矿超过一定数量后，透气性及垂直烧结速度的任何增加都不能补偿烧结矿成品率的减少。

合适的返矿添加量，由于原料的性质不同而有差别。一般来说，烧结以细磨精矿为主要的原料时，返矿量可多加一些，可达30%~40%；烧结以粗粒富矿粉为主要的原料时，返矿量可少些，一般返矿加入量小于30%。

返矿的加入对烧结生产的影响，还与返矿本身的粒度组成有关。一般说来，返矿中0~1mm的粒级应小于20%，返矿的粒度上限不应超过烧结料中矿粉的最大粒度（10mm）。某厂实践证明，将返矿粒度由0~20mm降至0~10mm时，烧结矿产量增加21%。

对于燃料和熔剂的粒度，一般控制在3~0mm为宜，不能片面提高。因为对烧结过程而言添加剂的目的主要是为了在燃料消耗较低的情况下，使烧结料能生成足够多的低熔点的液相；而粗粒度的熔剂由于反应不完全，游离的CaO存于烧结矿中，会使烧结矿在储存或遇水时自行粉碎。燃料粒度同样不能过粗，这主要是为了避免烧结料层中局部出现过还原气氛，燃烧速度低，燃烧带过宽和燃烧带温度分布不均匀等缺陷。

（3）使用小球烧结。鉴于烧结料粒度及粒度组成对改善烧结生产有重大影响，所以目前加强混合造球和用粒度较大的小球料进行烧结引起了广泛的注意。

我国许多烧结厂采取强化混合料造球作业，把混合料制成一定粒度的小球进行烧结。其球粒上限一般为6~8mm，下限要大于1.2~1.5mm。由于小球料粒度均匀、粉末少、强度高，烧结料层的原始透气性较普通烧结料高28%~35%，而且在烧结过程中仍能保持良好的透气性，从而强化了烧结过程。表2-8是首钢烧结厂对普通烧结料和小球料进行烧结对比实验的结果。可以看出，小球料烧结比普通烧结料烧结成品率提高了38%。其他实践也表明，小球烧结是行之有效的增产方法。

表2-8 小球料与普通料烧结指标比较

指　　标		料层厚度/mm	成品率（>15mm）/%	转鼓指数（<5mm）/%	垂直烧结速度/mm·min^{-1}	烧结机生产率/t·(m^2·h)$^{-1}$	附　注
原料	普通烧结料	350	73.03	21	16.49	1.21	从二次混合机后取出混合料两次
	小球烧结料	350	77.20	18	25.73	1.67	混合后取混合料制小球

（4）适宜的混合料水分。水分对烧结料层透气性的影响主要取决于原料的成球性，水对气流通过的润滑作用和原料对水分的储存能力。

烧结混合料的成球性与物料的亲水性和水在物料表面的迁移速度，以及物料粒度组成和机械力的大小等因素有关。

亲水性表示物料被水润湿的难易程度，亲水性大的物料易被水润湿，其水分的迁移速度也大。铁矿石的亲水性依下列顺序递增：磁铁矿→赤铁矿→菱铁矿→褐铁矿。试验表明，物料刚遇水时，水的迁移速度较快，以后逐渐减慢；随物料粒度变大，水的迁移速度变小，但在外力作用下可以提高水的迁移速度。因此，物料亲水性越强，水的迁移速度越大，物料黏度适宜，并在较大的机械力作用下，对小球的形成和长大，都是有利的。

水分变化使混合料体积密度发生变化，据测精矿含水在4%~10%范围内，体积密度最小；水分大于或小于此值，体积密度都增加。体积密度越小，孔隙越大，其透气性就越好。

经过加水润湿的混合料，由于颗粒表面为一层水分子所覆盖，此时水起到了一种类似润湿的作用，气流通过颗粒孔隙时，所需克服的阻力减小，从而改善了烧结料层的透气性。此外，烧结料中水分的存在，可以限制燃烧带在比较狭窄的区间内，这对改善烧结过程的透气性和保证燃烧达到必要的高温，也有促进作用。

水对物料的润湿，与水的性质有关。实验表明，加入预先磁化处理的水造球，可以改变水的表面张力及黏度，有利于混合料造球。

从表2-9可以看出，预先磁化的工业水造球时大于5mm的粒级比一般工业造球增加15%~19%，从而使透气性提高了10%，相对缩短了在造球机中的停留时间，提高了生产率。

表 2-9 磁化水对混合料成球效果的影响

润湿用水性质	混合料粒级含量/%		透气性/$m^3 \cdot (m^2 \cdot min)^{-1}$
	>5mm	<1.6mm	
一般工业水	31.0	26.0	70.0
	26.4	28.0	69.0
	35.5	28.6	70.0
磁化工业水	49.8	28.7	77.0
	38.1	28.6	78.0
	40.0	28.0	77.0

研究者还指出，当水的pH=7时，其润湿性最差，因此，要求用水的pH值尽可能向大或小的方向改变，避免使用pH=7的水。

添加物的作用：在生产中往混合物料里加入消石灰、生石灰、皂土、水玻璃、粉煤灰等以及丙烯酰胺等有机黏结物质，对改善混合料的透气性有良好的作用。这些微粒添加物是一种表面活性物质，可以提高混合料的亲水性，在许多场合下都具有胶凝性能。因此混合料的成球性可借此类添加物的作用而大大提高。

如生石灰加水消化后，呈粒度极细的消石灰胶体颗粒，其表面能选择性地吸收溶液中的 Ca^{2+} 离子，在其周围又相应地聚集一群电性相反的 OH^- 离子，构成了胶体颗粒的扩散层，使 $Ca(OH)_2$ 胶团持有大量水，构成一定厚度的水化膜。由于这些广泛分散在混合料内强亲水性 $Ca(OH)_2$ 颗粒持有的能力远大于铁矿等物料，将夺取矿石颗粒间的表面水分，使矿石颗粒向消石灰颗粒靠近，把矿石等物料联系起来形成小球。含有 $Ca(OH)_2$ 的小球，由于消石灰胶体颗粒具有大的比表面，可以吸附和持有大量的水分而不失去物料的疏散性和透气性，即可增大混合料的最大湿容度。例如鞍山细磨铁精矿加入6%消石灰，混合料的最大分子湿容量的绝对值增大4.5%，最大毛细湿容量增大13%。因此，在烧结过程中料层内少量的冷凝水，将为这些胶体颗粒所吸附和持有，既不会引起料球的破坏，也不会堵塞料球间的气孔，使烧结料仍保持良好的透气性。含有消石灰胶体颗粒的料球强度高。这是因为，它不像单纯铁精矿制成的料球完全靠毛细力维持，一旦失去水分很容易碎裂；消石灰颗粒在受热干燥过程中收缩，使其周围的固体颗粒进一步靠近，产生分子结合力，料球强度反而有所提高。同时，由于胶体颗粒持有水分的能力强，受热时水分蒸发不如单纯铁矿物那样猛烈，料球的热稳定性好，料球不易炸裂，这也是加消石灰料层透气性提高的原因之一。

加入的生石灰,在混合料遇水时消化,能放出大量热量,其反应如下:

$$CaO + H_2O \longrightarrow Ca(OH)_2 + 64.8kJ$$

1mol CaO 消化放热 64.8kJ,如果生石灰含 CaO 85%,当加入量为 5% 时,设混合料的平均比热容为 1.0kJ/(kg·℃),则放出的消化热全部被利用后,理论上可以提高料温 50℃ 左右。实际生产中由于热量不可能全部利用,料温可提高 10~15℃。由于料温的提高,可使烧结过程水气冷凝大大减少,减少过湿现象,从而提高料层的透气性。此外,在添加熔剂生产熔剂性烧结矿时,更易生成熔点低、流动性好、易凝结的液相,它可以降低烧结带的温度和厚度,从而提高烧结速度。

应该指出,烧结料中配加生石灰和消石灰对烧结过程是有利的,但用量要适宜,若用量过高,除不经济外,还会使料层过分疏散,混合料体积密度降低,料球强度反而变坏。

2.3.3.5 增加通过烧结料层的有效风量

在烧结生产中,通常所说的烧结风量是指抽风机进口处的工作状态的风量,所以在工程上用抽风机额定风量与有效抽风面积的比值来表示($m^3/(m^2·min)$)。

在一定条件下,烧结机产量与垂直烧结速度成正比,而垂直烧结速度则随通过料层的风量增加而增加。因此加大风量可以提高产量。首钢烧结厂的实验也指出,垂直烧结速度和产量与通过料层的风量近似地成正比关系,见表 2-10。

表 2-10 风量与各项烧结指标的关系

真空度 /Pa	风量		垂直烧结速度	成品率	转鼓指数	单位面积生产率		烧结矿成分/%			过剩空气系数
	$m^3/(m^2·min)$	%	mm/min	%	/%	t/($m^2·h$)	%	TFe	FeO	S	
5884	70	100	23.4	100	74.4	18.9	1.34	100	37.73	10.50	0.09	3.0
6433	75	107	23.2	99	73.7	18.4	1.03	130	37.38	9.90	—	
6963	78	112	271	116	74.5	18.1	1.12	112	37.27	10.71	0.10	3.2
8433	87	124	29.3	125	75.5	18.1	1.25	125	37.37	10.01	0.10	3.2
9953	95	136	29.2	125	71.0	18.8	1.21	121	37.03	9.43	0.10	3.0
10787	100	143	28.2	120	76.0	18.6	1.28	128	37.50	9.41	—	
11768	105	150	32.5	136	73.5	18.0	1.39	139	37.90	10.78	—	
12552	109	156	33.7	144	71.1	20.1	1.37	137	36.70	9.87	0.12	3.1

从表 2-10 可以看出,抽风真空度提高,风量增加,垂直烧结速度、单位面积生产率也近似成正比增加。风量提高后,成品率有下降趋势,这是因为垂直烧结速度提高后,料层有局部未烧结好,产生夹生物所致。烧结矿强度变化很小。

为了增加通过料层的风量,生产中总的趋势是在改善混合料透气性的同时,提高抽风机的能力,即增加单位烧结面积的抽风量,以及减少漏风损失和采取其他技术措施。理论计算及生产实践证明,1t 烧结矿所需风量波动在 2200~4000m^3/t 之间,其平均值可取 3200m^3/t,按烧结机单位面积的风量计算为 70~90$m^3/(m^2·min)$。

目前国内外新设计的烧结机普遍采用 90~100m³/(m²·min)，最大的已接近 120m³/(m²·min)。目前国外烧结用的最大风机是 30000m³/min，抽风负压为 14~16kPa（即 1400~3600mmH₂O），最大负压高达 20kPa（即 2000mmH₂O）。

正如式（2-19）所表明的，在一定物料及料层厚度条件下，增大抽风真空度 Δp，就可提高通过料层的风量，增加烧结矿产量。但是风机负压提高的幅度，远远超过产量增加的幅度，同时与电耗增加基本成一次方关系，而产量的增加同负压增加成 0.4~0.5 次方关系。因此，提高真空度后单位烧结矿的电耗急剧增加，所以增大真空的措施，应综合考虑单位烧结矿的经济效果，如图 2-12 和表 2-11 所示。还需指出，过大的提高抽风负压，会导致烧结机漏风率的增加。例如，某厂真空度从 10~11kPa 提高到 12~13kPa 时，烧结机漏风率从 60%~70% 增加到 80%~85%。

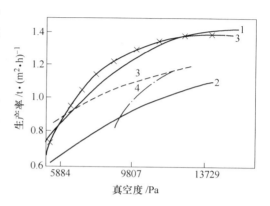

图 2-12 真空度对烧结生产率的影响
1—含碱性脉石的褐铁矿；2—含酸性脉石的褐铁矿；
3—碱度为 1.0 的磁选精矿；4—浮选精矿

表 2-11 抽风负压与烧结生产指标的关系

抽风机负压		烧结机单位生产率		单位烧结矿电耗		转鼓指数
Pa	%	t/(m²·h)	%	kW·h/t	%	(5mm)/%
5884	100	1.21	100	8.4	100	15.6
9806	167	1.5	130	15.5	185	15.5
14709	250	1.97	163	23.2	276	17.55

为了克服上述缺点，国外实验了加压烧结，即在真空度不变时，用空气压缩机提高料面上的压力，相应的增大了 Δp，提高了气流通过料层的风量。实验表明，料层上面的空气压力提高 6.0×10^5 Pa 时，烧结生产率增加 2 倍。但是，由于加压烧结工艺使烧结设备和操作复杂化，因此在烧结机上进行仍有困难，需进一步研究改进。

实践表明，烧结生产的漏风率很高，通常达 50%~60%。各烧结厂尽管增大了抽风机能力，但实际抽过料层的有效风量仍然很少，这不仅严重浪费电力，而且严重影响烧结生产。因此，积极减少漏风，在风机能力不变的情况下，提高通过料层的实际风量，是一项极为重要的技术措施。

烧结机抽风系统漏风主要是设备和生产操作缺陷造成的，其中包括：台车车体使用长久后发生变形和磨损；首尾风箱隔板与台车之间密封不严，间隙较大；弹性滑道结构不够合理以及润滑不良造成磨损严重；台车布料不均，出现空洞；除尘系统集灰管、放灰阀密封不严等。据测定，风箱漏风率占 90%，风箱至抽风机前仅占 10%。我国各烧结厂为减少烧结机漏风，采取了一些措施，取得了一定效果。如武钢烧结厂将密封改为金属弹簧滑道，机尾安装了楔形风隔板，并将台车加焊，使漏风率由 64.1% 减少到 46.8%；马钢一烧采用水封拉链机排灰，使大烟道的漏风率由 7.28% 减少到 0.69%。

为了增加通过料层的风量提高烧结机生产能力，国外采用了料面耙沟的烧结工艺，即在点火器前用齿轮或耙齿周期地插进混合料,使料面形成一定宽度和深度的沟槽,如果沟槽的数量、深度、宽度选配适当,就可较好地改善整个烧结层的透气性。此外,烧结时燃烧带的总面积大大超过了通常烧结时的燃烧带面积,不仅具有沿气孔表面的垂直烧结速度,而且沿水平方向发展,这一切都能加快碳的燃烧速度,因而提高烧结机的生产率。另一方面料层中有沟槽的烧结工艺,能大大提高料层高度,对降低固体燃料用量提供了可能性。如德国在 210m² 烧结机上,用犁在台车料面上开出深 150mm 的纵沟,使烧结混合料层高度从 320mm 提高到 450mm,烧结机生产率增加 20%,而且不会使烧结矿品质变坏。这一烧结新工艺仍在不断实验、改进中。

此外,在采用富氧空气烧结的情况下,当通过料层气体体积不变时,由于空气中含氧量增加,也相当于增加了风量,可达到提高烧结机生产率的目的。表 2-12 所列数据,是在混合料碱度为 1.25,焦粉用量 5.8% 时,抽过烧结料层的空气含氧量从 21% 增加到 95% 的试验结果。

表 2-12 富氧空气烧结结果

富氧空气中含氧量/%	废气中 $w(CO/CO_2)$	废气中 O_2 的含量/%	O_2 的利用率/%	垂直烧结速度 /mm·min^{-1}	合格烧结矿产率/%
21	0.215	3.00	83.30	28.71	100.00
35.5	0.205	9.51	69.15	31.72	113.00
43.2	0.196	11.94	67.50	34.75	120.45
50.1	0.180	14.40	66.20	37.58	129.56
58.4	0.163	16.81	65.60	40.55	141.10
73.1	0.142	21.15	64.40	44.34	153.12
95.2	0.124	26.60	64.24	47.21	169.27

试验表明:空气中含氧量由 21% 增加到 30%~40% 时,平均每增加 1% 的氧,烧结机生产率提高 1.9%~2.8%,转鼓指数由 24.4% 降到 20.7%。烧结矿品质改善的原因是空气中的含氧量增加加速了碳的燃烧,提高了燃烧带的温度;另一方面,按单位烧结矿计算的气体体积减小了,从而降低了熔融物和烧结矿的冷却速度,烧结矿中玻璃质减少,烧结矿强度提高。

但是,随着富氧空气中含氧量的增加,氧的利用率降低,因此最经济的富氧浓度要根据实际情况来定。

2.3.4 水分的蒸发、分解与冷凝

水分是影响烧结过程的又一因素。烧结混合料中水的来源有两个方面,一是物料自身带入的,二是烧结料混合制粒时加入的。一定数量的水分在烧结过程中的作用是:

(1) 在粉状的烧结料中加入,有助于混合料的成球,改善料层的透气性,使烧结过程得以顺利进行。

(2) 由于烧结料中有水的存在,提高了烧结混合料的传热能力。这是因为水的导热系数远远超过矿石的导热系数,水的导热系数为 126~419kJ/(m²·h·℃),矿石导热系数

为 $0.63kJ/(m^2 \cdot h \cdot ℃)$，改善了料层的热交换条件，促进了燃烧带限制在较窄的范围内，减少了料层的气流阻力。同时，保证了在较少燃料消耗的情况下，获得必要的高温区。

（3）水分子覆盖在矿粉颗粒表面，起类似润滑剂作用，降低表面粗糙度，减少气流阻力。

当然，从热平衡的观点看，去除水分要消耗热量。因此烧结料含水要适宜，不能过多。由于烧结料的性质和组成的差异，一般混合料含水在6%~8%之间。

当烧结过程开始后，在料层的不同高度和不同的烧结阶段水分含量将发生变化，出现水分的蒸发和冷凝现象。

水从液态转变为气态是以蒸发或沸腾的方式进行的。依据分子运动理论，各物质的分子处于不同的运动状态，其各分子运动速度不同。在液体表面上，由于力场不均衡，运动速度大的水分子能克服内部的引力，离开液面飞到气相中去变成蒸汽，这个过程就是蒸发。与此同时，不停运动的蒸汽分子，当接近液面时，可能被液面分子吸引回来，这就是蒸汽的液化。在一定温度下，当液体分子的蒸汽数与蒸汽液化的分子数相等时，蒸汽与液体便达到平衡，这时称液面上的蒸汽为饱和蒸汽，饱和蒸汽所具有的压力称为饱和蒸汽压，饱和蒸汽压与温度有关。

烧结过程中的水分蒸发的条件是：气相中的水蒸气的实际压力（p_{H_2O}）小于该温度下水的饱和蒸气压（p'_{H_2O}），即 $p_{H_2O} < p'_{H_2O}$；饱和蒸气压随温度升高而增大，在热气体与湿料接触的开始阶段，水蒸气蒸发缓慢，物料含水量无大的变化。废气的热量主要用于预热物料，使它的温度明显升高。当物料温度升到100℃时，饱和蒸气压 p'_{H_2O} 可达 $1.013 \times 10^5 Pa$（即1atm）。物料中水分迅速蒸发到废气中去，当物料的饱和蒸气压 p'_{H_2O} 等于总压 $p_总$ 时，即 $p'_{H_2O} = p_总$，水分便激烈蒸发，出现沸腾现象。烧结过程中，废气压力约为 $0.912 \times 10^5 Pa$（即0.9atm）。在温度为100℃时，$p'_{H_2O} > p_{H_2O}$，所以应在小于100℃完成水分的蒸发过程。但实际上，在温度高于100℃的混合料中仍有水分存在。原因是废气对混合料的传热速度快（最快可达1700~2000℃/min），当料温达到水分蒸发的温度时水分还来不及蒸发；此外，少量的分子水和薄膜水同固体颗粒的表面有巨大的结合力，不易逸去。影响水分蒸发速度的因素有：

（1）蒸发速度与蒸发的表面积成正比，混合料比表面积大，水分蒸发强度大，可达 $30~35g/(m^2 \cdot min)$。

（2）蒸发速度与 $p'_{H_2O} - p_{H_2O}$ 之差值有关，随着温度的升高，物料中饱和蒸气压 p'_{H_2O} 增大，蒸发加快。

（3）改善烧结料层的透气性，可增加通过料层的风量，使蒸发速度加快。

烧结过程中从点火时起，水分就开始受热蒸发，转移到废气中去，废气中的水蒸气的实际分压 p_{H_2O} 不断升高。当含有水蒸气的热废气穿过下层冷料时，由于存在着温度差，废气将大部分热量传给冷料，而自身的温度将大幅度下降使物料表面饱和蒸气压 p'_{H_2O} 也不断下降。

当实际分压 p_{H_2O} 等于饱和蒸气压 p'_{H_2O} 时，蒸发停止，当 $p'_{H_2O} < p_{H_2O}$ 时，废气中的水蒸气就开始在冷料表面冷凝，水蒸气开始冷凝的温度叫"露点"。水蒸气冷凝的结果，使下层物料的含水量增加。当物料含水量超过物料原始水量时称为过湿，这就是烧结时水分的再

分布现象。表 2-13 说明了沿料层高度水分再分布的情况。

表 2-13 沿料层高度水分再分布的情况

矿 种	混合料原始水分/%	与燃烧层不同距离的料层中含水/%				
		紧靠	50mm	100mm	150mm	靠炉箅
赤铁矿	6.1	3.1	7.3	7.2		7.8
磁铁矿	8.5	0	5.5	8.3	9.5	10.8

整个料层过湿完成的时间可根据炉箅下废气温度来判断。图 2-13 所示是烧结过程中废气温度变化的一般规律特性曲线。在烧结料不预热的情况下，点火后 2～3min 内废气温度总是从 15～20℃ 一下子升高到 50～60℃（曲线 abc），即达到露点温度。在这段时间内完成了全料层的过湿过程，这个温度一直保持 10min 左右，直到干燥层接近炉箅时为止。就是说料温达到"露点"后，废气中水分不再冷凝。水蒸气的冷凝与过湿仅发生在刚开始的 2～3min 内。水蒸气冷凝后就放出热量（相变热），使该层烧结料层很快升温到露点温度。水蒸气的冷凝终止，并转移到下一层进行，在抽风过程中，冷凝过湿现象是自上而下连续地通过全部料层。

烧结料的过湿现象，还可以从烧结开始后的短时间内料层的温度变化情况看出，图 2-14 所示的是安装在不同料层高度的四个温度计实测的结果（1，2，3，4 为温度计编号，间隔距离相等，4 号靠近炉箅）。在点火后的 2min 内，每个温度计依次从 20℃ 升到 52～53℃。这显然与料层的过湿有关。料温随着过湿的同时很快被加热到露点 T_a，t_1、t_2、t_3、t_4 分别表示各安装温度水平面完成过湿的时间。在 2min 末温度计 4 达到 T_a，这说明在床层以上的全部料层已经完成了过湿过程。

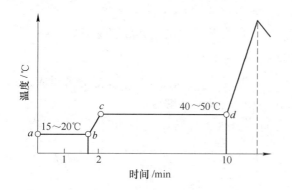

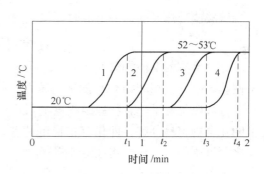

图 2-13 烧结废气温度变化曲线　　　图 2-14 料层中最初 2min 温度变化曲线

过湿层冷凝水量与 $p'_{H_2O} - p_{H_2O}$ 的差值有关，此差值越大，冷凝水分量越多；气中实际分压 p_{H_2O} 大，则 $p'_{H_2O} - p_{H_2O}$ 的差值大，冷凝水量就多。此外，冷凝水量还与物料性质有关，如细粒精矿比表面积大、亲水性强、湿容量大、烧结时冷凝水量大。实验证明，一般讲湿层的最大含水量为原始水分的 120%～135%，增加混合料的含水量，过湿现象将更加严重。

在过湿层，冷凝水充塞料粒之间的空隙中使料层过湿，增加了气流阻力，而且过湿现象会破坏下部料层松散的小球料，过湿严重时甚至会变成糊状，进一步恶化料层的透气性，影响烧结过程的正常进行。为此，目前采取了预热混合料及降低水分等措施，减缓过湿的不良影响。添加一定数量的热返矿、蒸汽预热混合料、加生石灰预热混合料、使混合料温度达到"露点"以上（一般 50~60℃），可以显著减少料层的过湿现象、改善料层的运气性、强化烧结过程。曾对磁选精矿进行测定，当料温由 18℃ 提高到 70℃ 时，过湿层水分的凝结量由 6.8% 降到 0.9%。

近年来采用低水分烧结收到了一定的效果。所谓低水分烧结，就是将装入台车前的混合料水分尽量降低，在点火以前，均匀地向料面喷洒约为料重 0.1%~0.5% 的水分，这样可以改善上部料层的透气性，增大料层密度，有利于提高烧结矿产量和品质，既避免了下部料层过湿，同时还因减少了水的蒸发热而节省燃料。有实验表明把混合料水分降到 5.5%，料面补充洒水 0.3% 时，烧结矿产量提高 2.7%。

生产实际中，为了减轻过湿现象的影响，往往控制混合料的水分，使其比原始透气性最好时的含水量低 1.0%~1.5%，因为过湿增添的冷凝水量介于 1%~2% 之间。此外，往混合料加生石灰以吸收过湿层的冷凝水。生石灰消化使体积膨胀，改善了料层的透气性，同样可起到强化烧结的作用。

2.3.5 碳酸盐分解及氧化钙的矿化作用

烧结料常常配入石灰石（$CaCO_3$）、白云石（$MgCO_3 \cdot CaCO_3$）等，尤其生产熔剂性烧结矿配入的熔剂就更多。这些碳酸盐类矿物在烧结过程中被逐渐加热，当温度达到一定值时，碳酸盐发生分解，并进入渣相。如果没有分解或者分解后没有造渣，烧结矿带有"白点"影响烧结矿的品质。所以要研究碳酸盐的分解过程及其控制因素。

2.3.5.1 碳酸盐分解

碳酸盐受热温度达一定值时，发生分解反应，以石灰石为例，其分解反应如下：

$$CaCO_3 = CaO + CO_2 - 178 kJ$$

分解反应的平衡常数 $K_p = p_{CO_2}$，显然，在一定温度下 p_{CO_2} 是常数，p_{CO_2} 是分解反应达到平衡状态时，气相产物 CO_2 的平衡压力，称 p_{CO_2} 为碳酸盐的分解压。

分解压是衡量化合物稳定程度的尺度。分解压力大，分解反应平衡时，气体产物多，说明化合物容易分解，即化合物稳定性差；反之分解压小时，化合物稳定性强。

分解压与温度有关。温度升高，分解压增大，如 $CaCO_3$：750℃ 时 $p_{CO_2} = 0.1317 \times 10^5 Pa$（即 0.13 atm），900℃ 时 $p_{CO_2} = 1.0132 \times 10^5 Pa$（即 1 atm），可见温度对碳酸盐分解的影响很大。碳酸盐分解的开始温度是其分解压 p_{CO_2} 等于外界气相中 CO_2 的分压 p_{CO_2} 时的温度；碳酸盐分解压与温度关系如图 2-15 所示。

图 2-15 中曲线 I 是 $MeCO_3 = MeO +$

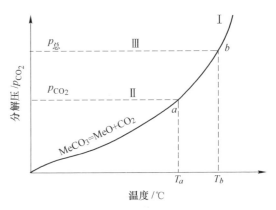

图 2-15 碳酸盐分解压与温度的关系

CO_2 反应的平衡曲线，若气相中 CO_2 分压为 p'_{CO_2}，过 p'_{CO_2} 引水平线 II 与 I 交于 a，所对应的温度是 T_a 时，$p_{CO_2} < p'_{CO_2}$，碳酸盐不能分解，反应将向左进行，MeO 和 CO_2 化合生成碳酸盐；当 $p_{CO_2} = p'_{CO_2}$，分解反应处于平衡状态。

当温度高于 T_a 时，碳酸盐将进行分解反应。因此，T_a 是碳酸盐开始分解的温度。各种碳酸盐开始的分解温度是不同的，当然也与气相中 CO_2 分压有关。在大气压中 CO_2 的含量为 0.3%，可计算 $CaCO_3$ 的开始温度为 530℃。

碳酸盐的分解条件是：当碳酸盐的分解压力 p_{CO_2} 大于气相中的分压 p'_{CO_2} 时，即开始分解；升高温度，分解压 p_{CO_2} 增大，即 $p_{CO_2} > p'_{CO_2}$ 时，分解速度加快。当碳酸盐分解压等于外界总压时，即 $p_{CO_2} = p_总$，碳酸盐进行激烈的分解，这叫化学沸腾，此时的温度叫化学沸腾温度，图中 T_b 便是碳酸盐的化学沸腾温度。当碳酸钙在大气中分解时，其化学沸腾温度为 910℃。

图 2-16 所示是烧结料中常见的四种碳酸盐的分解压力与温度的关系。$p_总$ 为烧结料中气相总压力，p'_{CO_2} 为废气中的 CO_2 分压力，在四种碳酸盐中，$FeCO_3$ 最易分解，$MnCO_3$ 次之，$CaCO_3$ 最难分解，要求较高的温度条件。在烧结过程中，由于燃料燃烧废气中 CO_2 浓度增大，故碳酸盐开始分解温度有所升高，但烧结生产中 $p_总$ 约等于 $0.9119 \times 10^5 Pa$，化学沸腾温度又有所降低。

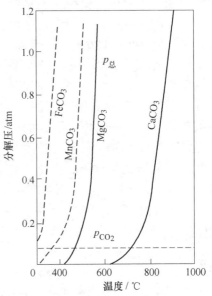

图 2-16 碳酸盐矿物的分解压与温度的关系

实际烧结时，$CaCO_3$ 开始分解的温度约为 750℃，而化学沸腾温度约为 900℃。其他碳酸盐开始分解温度较低，可在预热带进行；石灰石的分解反应主要在燃烧带进行。

在生产熔剂性烧结矿时，石灰石的分解不同于纯 $CaCO_3$ 的分解。烧结时石灰石分解产物 CaO 可与其他矿物作用生成化合物，这样就使得烧结料中石灰石的分解压力在相同的温度下相应地增大，使其分解反应较容易进行。

碳酸盐分解反应从矿块表面开始向中心进行，因此分解反应速度与碳酸盐矿物的粒度大小有关，粒度越小，分解反应速度越快。实验研究表明，将小于 10mm 的石灰石加热到 1000℃，并通过 10% CO_2 气体造成类似烧结料层中的气氛，结果在 1~1.5min 就完全分解。显然，一般烧结料层中高温停留时间可以达到上述要求。但是，在实际烧结层中，可能由于碳酸盐分解吸收大量热量，使得放热速度小于吸热速度，结果石灰石颗粒周围的料温下降；或者由于燃料偏析使高温区温度分布不均匀，常常出现石灰石未能完全分解的现象。据实验测定，烧结添加石灰石熔剂，由于分解反应吸收大量热量，使得燃烧带的温度下降 200~300℃。因此，生产中要求石灰石的粒度必须小于 3mm，同时，应使用稍高的燃料用量。

2.3.5.2 氧化钙的矿化作用

生产熔剂性烧结矿时，不仅要求添加的石灰石完全分解，而且分解产物 CaO 与矿石中的某些矿物应很好的化合。这就是说不希望在烧结矿中存在着游离的 CaO，否则游离的

CaO 与水消化：$CaO + H_2O = Ca(OH)_2$，其结果使体积膨胀 1 倍，致使烧结矿粉化。

$CaCO_3$ 的分解产物 CaO 与 SiO_2、Fe_2O_3、Al_2O_3 等矿化作用分别形成 $CaO \cdot SiO_2$、$CaO \cdot Fe_2O_3$、$CaO \cdot 2Fe_2O_3$、$2CaO \cdot Fe_2O_3$、$CaO \cdot Al_2O_3$。反应生成新的化合物，使石灰石的开始分解温度降低。

其矿化程度与烧结温度、石灰石粒度、矿粉粒度有关。温度越高，粒度越小则矿化程度越高。实验表明，在同一温度下，石灰石粒度对矿化作用影响最大。

如图 2-17 所示，石灰石粒度 0~1mm，温度在 1250℃ 的条件下，CaO 的化合程度可达 85%~95%；当石灰石粒度在 0~3mm 时，CaO 的化合程度仅为 55%~74%，一般碱度低，CaO 的矿化程度高。

温度对 CaO 矿化作用的影响如图 2-18 所示。从图 2-18 中可以看出，当温度为 1200℃，石灰石粒度虽然小于 0.6mm，CaO 矿化程度不超过 50%；但是，当温度升高到 1350℃ 时，石灰石粒度增大到 1.7~3.0mm，而矿化程度接近 100%。显然，温度升高，CaO 的矿化程度高。但温度过高会使烧结矿过熔，对烧结矿的还原性不利，应尽量避免。

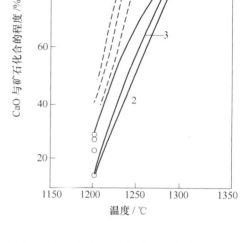

图 2-17 碱度和石灰石粒度对 CaO 化合程度的影响
1，2，3—碱度 0.8、1.3、1.5；
虚线—石灰石粒度为 0~1mm；实线—石灰石粒度为 0~3mm

图 2-19 表明，矿石或精矿粒度对 CaO 矿化作用影响也很大。当粒度为 0~0.2mm 的磁铁精矿粉与 0~3mm 的石灰石混合后，在温度 1300℃ 实验持续 1min，CaO 几乎完全矿化。如果矿粉粒度增大，则矿化作用大为降低，如磁铁矿的上限粒度到 6mm 时，CaO 矿化作用下降到 87%。由此

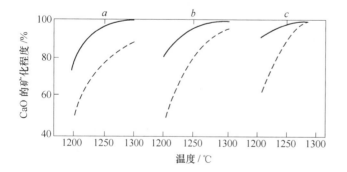

图 2-18 石灰石粒度温度对 CaO 矿化程度的影响
a，b，c—磁铁矿粒度，分别为 0~6mm、0~3mm、0~2mm；
虚线—石灰石粒度为 0~3mm；实线—石灰石粒度为 0~1mm

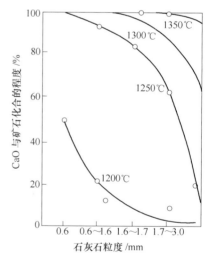

图 2-19 温度和磁铁矿粒度对石灰石 CaO 矿化程度的影响

可知，烧结时石灰石的适宜粒度与矿石的矿化程度有关，当用细磨精矿粉时，石灰石的粒度可适当粗些（一般0~3mm）；而对于粗粒度粉矿烧结时，石灰石的粒度应小些（0~1mm）。

烧结过程小石灰石的分解度和CaO的矿化程度可以根据烧结的某些数据计算得出。

例 某厂生产碱度为2.6的高碱度烧结矿时，由于石灰石的粒度粗和热制度不合适，烧结矿中游离$CaO_游$为10%，未分解的$CaCO_3$高达9.58%，在烧结矿中石灰石带入的CaO总量为26%，求石灰石的分解度和矿化程度。

解

$$石灰石的分解度 = \frac{w[CaO_总 - CaO_{(CaCO_3)}]}{w(CaCO_3)} \times 100\%$$

$$= \frac{26 - 9.58 \times \frac{56}{100}}{26} \times 100\% = 79\%$$

$$CaO 的矿化程度 = \frac{w[CaO_总 - CaO_游 - CaO_{(CaCO_3)}]}{w(CaO_总)} \times 100\%$$

$$= \frac{26 - 10 - 9.58 \times \frac{56}{100}}{26} \times 100\% = 41\%$$

2.3.6 烧结过程中金属氧化物的分解、还原与氧化

在烧结过程中，由于温度和气氛的影响，金属氧化物要发生的热分解、还原反应对烧结熔体的形成、烧结矿的强度和冶金性能关系极大。

2.3.6.1 金属氧化物的分解

金属氧化物的分解可按下式进行：

$$2MeO \Longrightarrow 2Me + O_2$$

式中 Me，MeO——二价金属及其氧化物。

在一定温度下，分解反应达平衡时，氧的平衡压力称金属氧化物的分解压，用p_{O_2}表示，反应平衡常数K_p等于其分解压：

$$K_p = p_{O_2}$$

分解压与温度有关，金属氧化物是否分解与本身的稳定性有关外，还与气相中氧的分压有关。金属氧化物分解条件是氧化物的分解压p_{O_2}必须大于气相中氧的分压p'_{O_2}，即$p_{O_2} > p'_{O_2}$，氧化物分解；若$p_{O_2} = p'_{O_2}$，分解反应处于平衡状态；当$p_{O_2} < p'_{O_2}$时，金属被氧化。在空气中，氧的分压$p'_{O_2} = 0.21278 \times 10^5 Pa$。而铁、锰氧化物的分解压均小于此值。所以这些金属在空气中逐渐被氧化，而铁锰氧化物在空气中能稳定存在。铁、锰与氧生成一系列氧化物。铁的氧化物有FeO、Fe_3O_4、Fe_2O_3。锰的氧化物有MnO、Mn_3O_4、Mn_2O_3、MnO_2。在同一金属氧化物中，高价氧化物比低价氧化物的分解压大，就是说高价氧化物稳定性差，容易分解。实验测定和计算的一些铁、锰氧化物的分解压列于表2-14。

表 2-14 铁、锰氧化物的分解压力 (Pa)

温度/℃	$(p_{O_2})_{Fe_2O_3}$	$(p_{O_2})_{Fe_3O_4}$	$(p_{O_2})_{FeO}$	$(p_{O_2})_{MnO_2}$	$(p_{O_2})_{Mn_2O_3}$
460	—	—	—	21278	—
550	—	—	—	101325	37.5
927	—	2.2×10^{-8}	$10^{-11.2}$	—	21278
1100	2.6	—	—	—	101325
1200	90.2	—	—	—	—
1300	1931.9	—	—	—	—
1327	—	3.7×10^{-3}	$10^{-5.6}$	—	—
1383	21278	—	—	—	—
1400	28371	—	—	—	—
1452	101325	—	—	—	—
1500	303975	$10^{-2.5}$	$10^{-3.2}$	—	—

在铁的三个氧化物中，只有 Fe_2O_3 在冶金温度下可以分解，其分解反应为：

$$3Fe_2O_3 = 2Fe_3O_4 + 1/2O_2$$

从表 2-14 可以看出，在 1383℃时，$(p_{O_2})_{Fe_2O_3} = 0.21278 \times 10^5 Pa$。高于这一温度分解反应就可以发生；当温度达到 1452℃时，$(p_{O_2})_{Fe_2O_3} = 1.01325 \times 10^5 Pa$，分解反应可激烈进行。铁的其他几个氧化物（$Fe_3O_4$、$FeO$）在冶金温度下分解压很小，一般是不分解的。

在烧结矿层和燃烧层中离开燃料颗粒的混合料周围，气体中 O_2 的分压 p'_{O_2} 为 $(0.18 \sim 0.19) \times 10^5 Pa$，进入预热带的废气含氧量一般为 8%~10%，其氧化物的分解压在 $(0.07 \sim 0.097) \times 10^5 Pa$ 之间。将表 2-14 中各氧化物的分解压与废气中氧的分压力做比较，可以看出，烧结时 Fe_2O_3 是能分解的，但由于烧结物料在高温区停留时间短及 Fe_2O_3 大量被还原，因此 Fe_2O_3 分解率小；而磁铁矿在烧结温度下理论上是不可能进行热分解的，但在有 SiO_2 存在的条件下，改善了分解条件，Fe_3O_4 的分解压接近于 Fe_2O_3 的分解压，在高于 1300℃温度时，分解有可能进行：

$$2Fe_3O_4 + 3SiO_2 = 3(2FeO \cdot SiO_2) + O_2$$

在烧结条件下，FeO 的分解是不可能的。烧结中有少量金属铁出现是铁氧化物被还原的结果。

从表 2-14 还可以看出，MnO_2 和 Mn_2O_3 在 1100℃具有较大的分解压。因此，在燃烧带是可以分解的：

$$2MnO_2 = Mn_2O_3 + 1/2O_2$$

$$3Mn_2O_3 = 2Mn_3O_4 + 1/2O_2$$

2.3.6.2 金属氧化物的还原

烧结料层中由于碳的燃烧,在炭粒周围具有还原气氛,铁氧化物还原是以碳的质点为中心进行的。料层的固体炭及 CO 是很好的还原剂,C、CO 能够夺取铁氧化物中的氧,使其变成低价氧化物或金属铁。铁的三种氧化物 Fe_2O_3、Fe_3O_4、FeO 的还原顺序是从高价氧化物到低价氧化物逐级进行的。当温度高于 570℃ 时,用 CO 还原铁的各级氧化物反应如下:

$$3Fe_2O_3 + CO = 2Fe_3O_4 + CO_2 + 63011J$$

$$Fe_3O_4 + CO = 3FeO + CO_2 - 22399J$$

$$FeO + CO = Fe + CO_2 + 13188J$$

当温度低于 570℃ 时,由于 FeO 不能稳定存在,Fe_3O_4 被直接还原成金属铁:

$$3Fe_2O_3 + CO = 2Fe_3O_4 + CO_2 + 63011J$$

$$1/4Fe_3O_4 + C = 3/4Fe + CO + 17165J$$

用 C 作还原剂还原铁的各级氧化物的反应如下:
温度高于 570℃:

$$3Fe_2O_3 + C = 2Fe_3O_4 + CO - 109007J$$

$$Fe_3O_4 + C = 3FeO + CO - 194393J$$

$$FeO + C = Fe + CO - 158805J$$

温度低于 570℃:

$$1/4Fe_3O_4 + C = 3/4Fe + CO - 167702J$$

上述各反应中,用 CO 作还原剂,还原铁的各级氧化物,其气体产物为 CO_2 的称为间接还原,间接还原的各反应以放热为主。而用固体炭作还原剂的,其气体产物为 CO 的称为直接还原,直接还原均为吸热反应。

铁氧化物的还原与气相组成有关。Fe_2O_3 分解压大,是极易还原的氧化物。在气相中有微量的 CO 存在,就可以使 Fe_2O_3 还原成 Fe_3O_4,基本是不可逆反应。因此,在燃烧带、预热带均可以发生 Fe_2O_3 的还原反应。

与 Fe_2O_3 相比,Fe_3O_4、FeO 是较难还原的氧化物。对于 Fe_3O_4 还原成 FeO 的反应:在 700℃ 平衡气相中 $\frac{CO_2}{CO} = 1.84$;1300℃ 平衡气相中 $\frac{CO_2}{CO} = 10.67$。而对于 FeO 还原成金属铁的反应:700℃ 时,平衡气相组成 $\frac{CO_2}{CO} = 0.67$;1300℃ 时 $\frac{CO_2}{CO} = 0.297$。温度升高,比值下降,即要求更高的 CO 含量。在烧结料层中,燃料燃烧的产物中 $\frac{CO_2}{CO}$ 一般介于 0.76~1.0 之间,因此,从热力学观点看 Fe_3O_4 可能被还原成 FeO,而 FeO 是不可能还原成金属铁的。但应该指出,在烧结料层中气体组成的分布是不均匀的,在燃料颗粒周围 $\frac{CO_2}{CO}$ 比值可能很小,而在远离燃料颗粒的区域 $\dfrac{CO_2}{CO}$ 比值可能很大,并且有一定数量的自由氧。在前一种情况下,铁的氧化物可能被还原为金属铁,特别是焦粉的量大,还原气氛增加,能获得相当数量的金属铁。在后一种情况下,即使易还原的 Fe_2O_3 也不可能全部被还原。

另外,在有 SiO_2 存在的条件下,可进行反应:

$$2Fe_3O_4 + 3SiO_2 + 2CO = 3(2FeO \cdot SiO_2) + 2CO_2$$

将有利于 Fe_3O_4 的还原。当有 CaO 存在时,影响铁橄榄石 $2FeO \cdot SiO_2$ 的生成,所以提高烧结矿碱度会使 FeO 含量降低。

FeO 与 SiO_2、CaO 能生成多种低熔点液相,这些物质的生成不利于 FeO 还原,但有利于提高烧结矿的强度。

Mn_3O_4 的分解压低,分解难,但易被 CO 还原,其还原反应式如下:

$$Mn_3O_4 + CO = 3MnO + CO_2$$

MnO 在烧结条件下是难还原的物质,与 SiO_2 等组成难还原的硅酸盐。

2.3.6.3 铁氧化物的氧化

烧结料层总的气氛是弱氧化性的,特别是远离炭粒的混合料处和在烧结矿冷却过程中,都会发生 Fe_3O_4 和 FeO 的再氧化现象,其反应如下:

$$2Fe_3O_4 + 1/2O_2 = 3Fe_2O_3$$

$$3FeO + 1/2O_2 = Fe_3O_4$$

再氧化反应在高温下进行得很快,在温度低时,反应速度减慢甚至停止。烧结矿中 Fe_3O_4 和 FeO 的再氧化提高了烧结矿的还原性,因此在保证烧结矿强度条件下发展氧化过程是有利的。烧结矿的氧化程度可用氧化度 Ω 来表示:

$$\Omega = \left(1 - \dfrac{w(Fe_{FeO})}{w(3Fe_{全})}\right) \times 100\% \tag{2-20}$$

式中 $w(Fe_{FeO})$——烧结矿中以 FeO 形态存在的铁量,%;

$w(Fe_{全})$——烧结矿中全部铁量,%。

由式(2-20)可以看出,在烧结矿含铁相同的情况下,烧结矿含 FeO 越少,则烧结矿的氧化度越高。试验表明,氧化度高,还原度也高。因此,在保证烧结矿强度的条件下,生产高氧化度的烧结矿,对于改善烧结矿还原性也有重要意义。

烧结配料中的燃料用量是影响 FeO 含量的主要因素。从表 2-15 得知,随含碳量增加,FeO 增加,还原度降低。原因是燃料增加后,烧结料层中还原气氛增加。因此,控制燃料用量是控制 FeO 含量的重要措施。但最恰当的燃料用量应兼顾烧结矿的强度和还原度,当矿石性质不同时,适宜的燃料用量是不同的。磁铁精矿烧结,一般燃料用量为 5%~6%;而赤铁矿烧结时,燃料用量要高 2%~3%。因前者存在 Fe_3O_4 的氧化放热,后者则无。菱铁矿和褐铁矿烧结时,因碳酸盐和氢氧化物分解耗热,需要增加燃料用量,但分解产物 CO_2 和 H_2O 可以加强氧化气氛,有助于 FeO 的降低。

表 2-15   混合料中含碳量与烧结矿中 FeO 含量关系

混合料含碳量/%	碱 度	FeO/%	还原率/%
5.0	1.05	34.41	53.3
4.5	1.04	29.44	43.6
3.0	1.09	24.57	53.3

2.3.7 固相之间的反应

20世纪初,一般认为"物质不是液态则不发生反应"。后来证明,无液态存在也能发生化学反应,在一定的条件下,固相之间也发生反应。固相反应广泛应用在矿石烧结、粉末冶金、陶瓷水泥和耐火材料等工业部门。

所谓固相反应是指物料在没有熔化前,两种固体在他们接触面上发生的化学反应。反应产物也是固体。

烧结过程中,固相反应是在液相生成前进行。固相反应和液相生成是烧结黏结成块并具有一定强度的基本原因,任何物质间的化学反应都与分子或离子的运动有关。固体分子与液体和气体分子一样,都处于不停的运动状态之中,只是因为固体物质质点间结合力较强,其质点只能在平衡位置上做小范围的振动。因此,在常温下,固相间的化学反应即使发生,反应速度也是很缓慢的。但是,随着温度升高,固体表面晶格的一些离子(或原子)获得越来越多的能量而激烈运动起来。温度越高,就越易于取得进行位移所必需的能量(或化学能)。当温度高到使质点(离子或原子)具有参加化学反应所必需的能量时,这些高能量质点就能够向所接触的其他固体表面扩散。这种固体质点扩散过程就导致了固相反应的发生。

根据实际测定,固体质点开始位移的温度为:

金属: $T_{移} = (0.3 \sim 0.4) T_{熔化}$

盐类: $T_{移} = 0.57 T_{熔化}$

硅酸盐: $T_{移} = 0.9 T_{熔化}$

$T_{熔化}$ 为该物质的熔化温度(K),当固体物质被加热到可位移温度($T_{移}$)时,其质点具有可移动性,可以在晶格内进行位置交换——内扩散;也可能扩散到晶格表面,并进而扩散到与之相接触的其他物质晶格内进行化学反应——外扩散。

对于固相反应,反应物质颗粒大小具有重要意义,反应速度常数(K)与颗粒半径 r 的平方成反比,其公式如下:

$$K = C \frac{1}{r^2} \tag{2-21}$$

式中 C——比例系数。

烧结所用的铁精矿粉和熔剂都是粒度较细的物质,它们在被破碎时固体晶体受到严重破坏,而破坏严重的晶体具有较大的自由表面能,因而质点处于活化状态。活化质点都具有降低自身能量的倾向,表现出激烈的位移作用。其结果是晶格缺陷逐渐得到校正,微小晶体也将聚集成较大晶体，反应产物也就具有了较为完整的晶格。

已经证实，固相中只能进行放热反应。而且两种物质间反应的最初产物，无论如何只能形成同一种化合物，它的组成通常与反应物的浓度不一致。要想得到组成与反应物质量相当的最终产物，往往需要很长时间。在烧结过程中，烧结料处于500~1500℃的高温区间一般不超过3min，因此，对烧结具有观察意义的是固相反应开始的温度以及最初形成的反应产物。

现在以 SiO_2 和 CaO 的混合料为例，将过量的 SiO_2 与 CaO 混合，在空气中加热到 1000℃。两种物质固相反应的进程如图2-20所示。

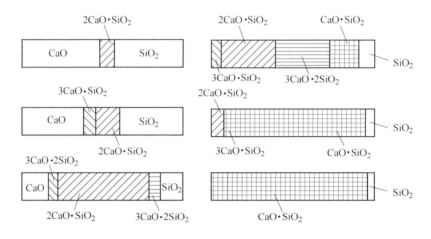

图2-20　CaO 与 SiO_2 固相反应示意图

固相接触面的初始产物是 $2CaO \cdot SiO_2$，继而沿着 $2CaO \cdot SiO_2$-CaO 界面形成一层 $3CaO \cdot SiO_2$，含 CaO 最少的 $CaO \cdot SiO_2$ 仅在过程的最后才出现。

表2-16列出了固体组分不同配比时，有关固相反应的实验数据。从图2-20可以看出，不论混合料中的 CaO 和 SiO_2 的比例如何变化，固相中的最初产物总是 $2CaO \cdot SiO_2$。同样，在烧结条件下，$2CaO + Fe_2O_3$ 与 Fe_2O_3 的反应，在固相反应中只能得到最初产物 $CaO \cdot Fe_2O_3$。

表2-16　固相反应的最初产物

固 相 反 应	混合物中分子比例	反应的最初产物
CaO-SiO_2	3:1; 2:1; 3:2; 1:1	$2CaO \cdot SiO_2$
MgO-SiO_2	2:1; 1:1	$2MgO \cdot SiO_2$
CaO-Fe_2O_3	2:1; 1:1	$CaO \cdot Fe_2O_3$
CaO-Al_2O_3	3:1; 5:3; 1:1; 1:2; 1:6	$CaO \cdot Al_2O_3$
MgO-Al_2O_3	1:1; 1:6	$MgO \cdot Al_2O_3$

在研究固相化学反应机理时，我们看到，固相反应只有在与该物质完全一致的温度条件下才有可能。表2-17列举了在烧结过程中常见到的某些固相反应产物开始出现的温度。

表 2-17　固相反应产物开始出现的温度

反应物	固相反应产物	反应产物开始出现的温度/℃
$SiO_2 + Fe_2O_3$	Fe_2O_3 在 SiO_2 中的固熔体	575
$SiO_2 + Fe_3O_4$	$2FeO \cdot SiO_2$ 铁橄榄石	990，995
$CaO + Fe_2O_3$	$CaO \cdot Fe_2O_3$ 铁酸一钙	500，600，610，650
$2CaO + Fe_2O_3$	$2CaO \cdot Fe_2O_3$ 铁酸二钙	400
$CaCO_3 + Fe_2O_3$	$CaO \cdot Fe_2O_3$ 铁酸一钙	590
$2CaO + SiO_2$	$2CaO \cdot SiO_2$ 正硅酸钙	500，610，690
$2MgO + SiO_2$	$2MgO \cdot SiO_2$ 镁橄榄石	680
$MgO + Fe_2O_3$	$MgO \cdot Fe_2O_3$ 铁酸镁	600
$CaO + Al_2O_3 \cdot SiO_2$	$CaO \cdot SiO_2 + Al_2O_3$ 偏硅酸钙 + Al_2O_3	530

从表 2-17 可以看出，Fe_2O_3 和 SiO_2 混合后没有生成化合物。从 575℃ 开始，Fe_2O_3 溶于 SiO_2 中形成少量的固溶体。因此，在缺乏还原气氛时（如燃料用量少于或远离燃料的区域），非熔剂性烧结料中的 Fe_2O_3 不可能与 SiO_2 相互作用。这就使得 Fe_2O_3 在开始分解（温度约 1350℃）以前，不可能形成液相。要它产生液相-铁橄榄石型（$2FeO \cdot SiO_2$），必须创造还原性气氛使 Fe_2O_3 还原或分解为 Fe_3O_4 才能形成。铁橄榄石生成反应为：

$$2Fe_3O_4 + 3SiO_2 + 2CO = 3(2FeO \cdot SiO_2) + 2CO_2$$

如果燃烧用量较大，SiO_2 与 FeO 可直接形成铁橄榄石，在燃料普通用量条件下，烧结料层中游离的 FeO 不多，这种反应几乎没有发生。

CaO 与 Fe_2O_3 反应生成铁酸一钙（$CaO \cdot Fe_2O_3$），在固相中，反应开始温度为 500~700℃，$CaO + Fe_2O_3 = CaO \cdot Fe_2O_3$。在烧结时，$Fe_2O_3$ 与烧结料中的石灰石、石灰接触机会很多，有利于铁酸钙的生成。Fe_3O_4 不与 CaO 发生固相反应，只有 Fe_3O_4 被氧化成 Fe_2O_3 才能出现固相反应。在正常燃料用量时，烧结赤铁矿生产熔剂性烧结矿以及在较低燃料用量，在氧化性气氛中烧结磁铁矿生产熔剂性烧结矿的都有利于铁酸钙的形成。

图 2-21 是烧结料中主要矿物间的固相反应图。除了上述铁橄榄石、铁酸钙固相化合物生成外。当温度在 500~600℃ 时，在 SiO_2 与 CaO 的接触处有正硅酸钙出现，其反应：

$$2CaO + SiO_2 = 2CaO \cdot SiO_2$$

在赤铁矿生产熔剂性烧结矿时，烧结料中，SiO_2 与 CaO 的接触数目比起 Fe_2O_3 与 CaO 的接触数目要少得多。虽然 SiO_2 对 CaO 的化学亲和力比 Fe_2O_3 对 CaO 的亲和力大得多，但在相同的温度下，铁酸钙（$CaO \cdot Fe_2O_3$）的生成速度快，固相中铁酸钙的数量就多些。

影响固相反应的主要因素有：

（1）固相反应速度随着原始物料分散度的提高而加快，因为它活化了反应物的晶格。

（2）升高温度和延长时间均有助于固相反应速度的增加，反应物内晶格质点活动增强。

（3）添加活性物质，促进固相反应，可以

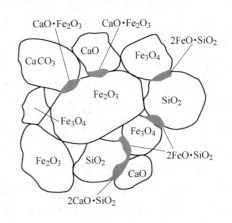

图 2-21　烧结料中主要矿物间的固相反应图

解决难以烧结的矿粉。表2-18列举了烧结粉末及亚铁酸盐混合物对烧结指标及烧结矿品质的影响。

表2-18 添加亚铁酸盐混合物对烧结指标的影响

指标	添加物				
	普通混合料	添加15% $CaO \cdot FeO \cdot SiO_2$ 烧结粉末	添加15% $CaO \cdot 3Fe_2O_3 \cdot SiO_2$ 烧结粉末	添加15% $CaO \cdot Fe_2O_3$ 烧结粉末	添加赤铁矿与石灰石（共同细磨，固相为 $CaO \cdot Fe_2O_3$）
垂直烧结速度/mm·min^{-1}	22.2	24.7	24.7	29.2	29.2
成品量/%	76.3	81.5	78.0	79.2	80.5
转鼓指数（<5mm）/%	26.0	17.0	17.5	18.5	18.0

注：老式转鼓指数，百分数越低越好。

表2-18数据表明，烧结料中加15%的亚铁酸盐与烧结粉末混合物，垂直烧结速度提高10%~12%，产量增加了15%~20%，烧结矿强度提高8%~9%。制备亚铁酸盐混合物费用不高，某厂是在锤式破碎机制取的，用60%返矿及40%石灰石组成的混合物破碎制取。在这种情况下，改善返矿品质具有特别重要的意义。

（4）增大接触面有助于固相反应速度的提高，过分松散的烧结料采用压紧的方法能促进固相反应发展，有效地提高烧结矿强度。

固相反应的发生保证了原始烧结料中没有易熔物质的形成。当这种反应进行得足够快时，就能形成较多的易熔物，其结果就能获得高强度的烧结矿。因此，在烧结矿的生产中应尽量创造条件使固相反应得到充分发展，这就要按照之前所指出的影响固相反应速度的四个因素去组织生产。

在固相反应中形成的复杂化合物，在烧结料熔化时大部分分解成较简单的化合物组分：烧结矿是熔融物结晶的产物，成品烧结矿的最终矿物组成，在燃料用量一定的条件下，仅仅取决于烧结矿的碱度。因此，碱度是熔融结晶时的决定因素。在固相反应时，即使形成了铁酸钙，如果碱度不高，也得不到含铁酸钙的烧结矿；相反，当碱度足够高时，不论固相反应是否有铁酸钙生成，最后总能得到含铁酸钙的烧结矿；只有当烧结配碳较低时，料层温度低，生成液相少，一般固相中产物可转到烧结矿中，在这种情况下，尽管碱度较低，也可得到含铁酸钙的烧结矿。因此，低燃料用量、高碱度烧结，不仅在固相中形成的铁酸钙可转移到成品烧结矿中，而且熔融物再结晶时作为另外的相也形成铁酸钙，可明显提高烧结矿强度。

综上所述，烧结时经常遇到的铁矿物为赤铁矿（Fe_2O_3）和磁铁矿（Fe_3O_4），这些矿物中的脉石成分主要是石英（SiO_2）。当生产熔剂性烧结矿时，还需要添加石灰石（$CaCO_3$）、石灰（CaO）和消石灰（$Ca(OH)_2$），在燃料用量适宜或较高的情况下，烧结料中所进行的固相反应流程分述如下：

（1）赤铁矿非熔剂性烧结料。烧结赤铁矿非熔剂性烧结料时，赤铁矿被分解、还原成 Fe_3O_4、FeO或Fe，FeO与SiO_2进行固相反应生成铁橄榄石（$2FeO \cdot SiO_2$）。铁橄榄石熔化后所形成的熔融物将烧结料中的大部分Fe_3O_4、FeO溶解，同时烧结料中的SiO_2也转入熔融物中。其矿物形成过程如图2-22所示。

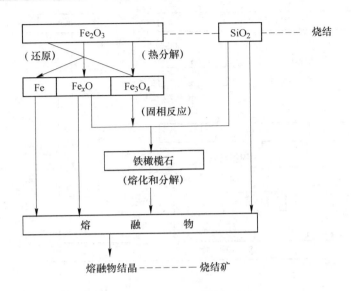

图 2-22 赤铁矿非熔剂性烧结料固相中矿物形成过程

(2) 赤铁矿熔剂性烧结料。赤铁矿混合料中添加熔剂后，固相反应比较复杂。

从图 2-23 中可以看出，除存在图 2-22 同样的过程外，还有 SiO_2 与 CaO 反应生成正硅酸钙（$2CaO \cdot SiO_2$）；CaO 与 Fe_2O_3 反应生成铁酸钙（$CaO \cdot Fe_2O_3$）。剩余的 SiO_2 则转到熔融物中去。熔融物为多种矿物组成。

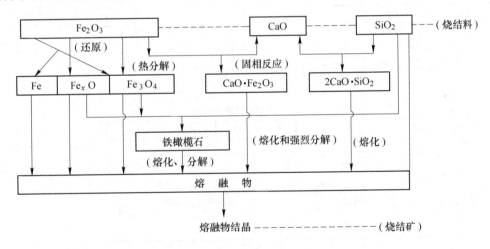

图 2-23 赤铁矿熔剂性烧结料固相中矿物形成过程

(3) 磁铁矿非熔剂性烧结料。烧结磁铁矿非熔剂性烧结料时，部分 Fe_3O_4 氧化成 Fe_2O_3，没有氧化的 Fe_3O_4 和已还原的 FeO 和 SiO_2 形成铁橄榄石。铁橄榄石熔化后，能够溶解 Fe_2O_3、Fe_3O_4、FeO 等，剩余的 SiO_2 则转移到熔融物中。其固相反应如图 2-24 所示。

(4) 磁铁矿熔剂性烧结料。磁铁矿熔剂性烧结料的固相反应复杂。Fe_3O_4 和还原的 FeO 与 SiO_2 形成铁橄榄石；部分 Fe_3O_4 氧化成 Fe_2O_3，并与 CaO 形成铁硅酸钙；CaO 与

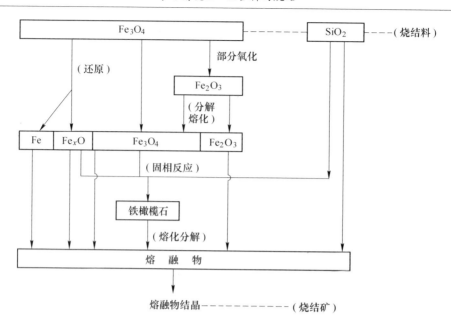

图 2-24 磁铁矿非熔剂性烧结料固相中矿物形成过程

SiO_2 反应生成正硅酸钙，除此以外，还有更多的矿物如 Al_2O_3、MgO 参加反应。上述固相反应产物熔化时，部分分解，其固相反应过程如图 2-25 所示。

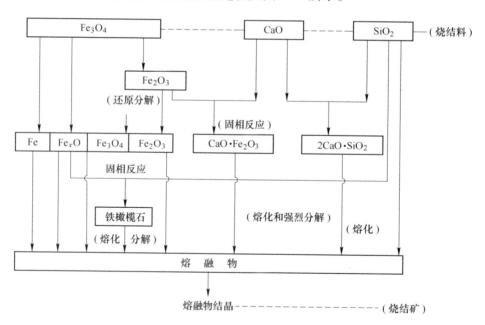

图 2-25 磁铁矿熔剂性烧结料固相中矿物形成过程

2.3.8 液相生成与冷却结晶

固相反应速度慢，其反应产物晶格发展不完善，结构疏松，烧结矿强度差。因此，对铁矿粉来说，属于液相型烧结，也就是说烧结过程中，液相生成是烧结料固结成型的基础。液相的组成、性质和数量在很大程度上决定了烧结矿的产量和品质。所以，研究液相生成条件及其性质具有十分重要的意义。

2.3.8.1 液相生成概念

固相反应生成的化合物，其熔点要比单体矿物低。例如 Fe_3O_4 的熔点为 1597℃，SiO_2 的熔点为 1713℃，而固相反应产物 $2FeO \cdot SiO_2$ 的熔化温度只有 1205℃。这有利于液相的生成。

在烧结过程中，由于燃料燃烧放出大量热量，加热烧结料，当其温度超过固相反应的温度时，就有低熔点化合物、低熔点共熔物生成，如 $2FeO \cdot SiO_2$、$CaO \cdot Fe_2O_3$ 等。低熔点的矿物首先熔化，较早形成液相。由于液相的存在，固体颗粒被一层液相所包围，在液相表面张力的作用下，使颗粒互相靠紧。因此，烧结料密度增加、空隙缩小、颗粒变形、冷凝时颗粒质点重新排列，生成具有一定强度的烧结矿。随着烧结过程的发展，烧结温度迅速提高，初期形成的液相不断扩大，与此同时，又形成新的化合物继续熔化；液相量不断增加，使液相区进一步扩大，各液相区互相合并连通成为黏结相。影响液相生成量的重要因素有：

（1）烧结温度与液相量的关系。图 2-26 为 SiO_2 含量分别为 4%、6%，不同碱度 CaO/SiO_2（0.8、1.2、1.5、1.8、2.2、3.0）时，烧结温度与液相量的关系。可以看出，随着烧结温度提高，液相量不断增加。

（2）烧结料碱度与液相量的关系。同样，从图 2-26 中可以看出，液相量随碱度提高而增加，换句话说，碱度越高，烧结越容易。

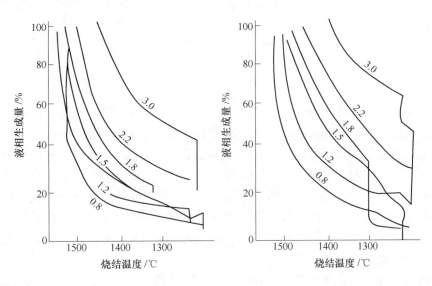

图 2-26 烧结碱度与液相量关系

（3）FeO 含量与液相量的关系。烧结配碳增加，烧结料层中还原气氛有所增加，铁的氧化物逐级还原的机会也就多了，FeO 量就多。一般讲，FeO 多，则熔点下降，易于生成液相。

(4) SiO_2、Al_2O_3 和 MgO 含量与液相量的关系。烧结要求 SiO_2 含量一般为 5% 左右，过高液相量太多，过低则液相量不足。Al_2O_3、MgO 的影响尚待进一步研究。

2.3.8.2 烧结过程的主要液相

烧结过程中主要液相有铁-氧体系、硅酸铁体系、硅酸钙体系、铁酸钙体系、钙铁橄榄石体系等。

(1) 铁-氧体系（$FeO-Fe_3O_4$）。富矿粉和铁精矿主要是含铁氧化物的矿物，因此，烧结过程中液相生成的条件，在某种程度上可由铁-氧体系的状态图表示出来。由图 2-27 可以看出，在 Fe 含量为 72.5%～78% 时，即 FeO 与 Fe_3O_4 组成的浮氏体区间内，形成的液相是最低共熔物 N(45% FeO 和 55% Fe_3O_4)，它们的熔点只有 1150～1220℃。

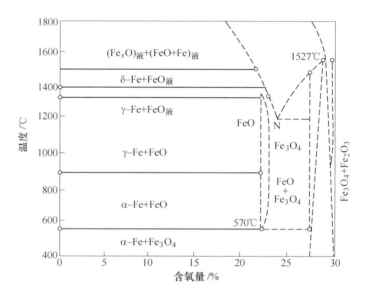

图 2-27　铁-氧体系状态图

而纯赤铁矿或纯磁铁矿的熔点都大于 1500℃，在 1150～1220℃时，纯磁铁矿是不能熔化的，液相量为零。但当磁铁矿部分还原成 FeO 后，随 FeO 量的增加，Fe_3O_4 与 FeO 混合物的熔化温度逐渐下降，而体系中的液相量逐渐增多，当 FeO 含量增加到 45% 时，达到了低熔点成分，Fe_3O_4、FeO 全部熔化成液相。由此可见，磁铁矿的部分分解或还原成 FeO 将有利于液相生成。这是很有实际意义的，这说明在铁精矿缺乏成渣物质时，如烧结纯磁铁矿非熔剂性烧结矿，在一般烧结温度下（1300～1350℃），在烧结料层中靠近炭粒附近存在还原气氛，FeO 形成，这就可能形成一定数量的低熔点液相，成为烧结矿的主要黏结相，从而保证烧结矿的强度。

(2) 硅酸铁体系（$FeO-SiO_2$）。富矿粉和铁精矿粉的脉石中总是含有一定数量的 SiO_2。从图 2-28 中可以看出，FeO 与 SiO_2 生成的低熔点化合物是铁橄榄石（$2FeO·SiO_2$），含 FeO 70.5%、SiO_2 29.5%，其熔化温度是 1205℃。$2FeO·SiO_2$ 分别与 FeO 和 SiO_2 形成两个共熔混合物，其一是 $2FeO·SiO_2-SiO_2$，含 FeO 62%，SiO_2 38%，熔化温度 1178℃。此外，铁橄榄石还与磁铁矿组成低熔点的共晶混合物，共晶点的液相成分为 17% Fe_3O_4，83%

$2FeO \cdot SiO_2$，共晶点为 1142℃，如图 2-29 所示。

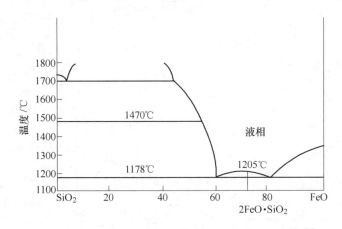

图 2-28　$FeO-SiO_2$ 系相图

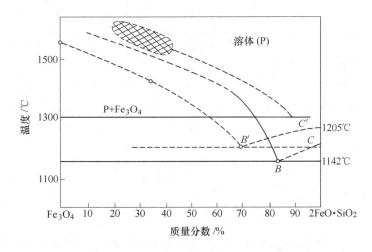

图 2-29　$Fe_3O_4-2FeO \cdot SiO_2$ 系统相图

从图 2-29 可以看出，铁橄榄石熔化后，混合料中的磁铁矿 Fe_3O_4 被溶解，随着 Fe_3O_4 溶解量的增加，这种含铁硅酸盐熔融物的熔化温度将逐渐升高。

硅酸铁体系化合物在烧结过程中是经常见到的液相之一，尤其烧结非熔剂烧结矿时，硅酸铁体系液相是烧结矿固结的主要黏结相。铁橄榄石在烧结过程中形成数量的多少与烧结料中的 SiO_2 含量和加入或还原 FeO 量的多少有关。增加燃料用量，烧结料层的温度提高，还原气氛加强，有利于 FeO 的还原，铁橄榄石也就多，液相量增加，可提高烧结矿强度。应注意的是，燃料量过高，液相量过多，制成的 $2FeO \cdot SiO_2$ 就众多，而铁橄榄石的还原性差，从而使烧结矿难还原。因此，在烧结矿强度足够的情况下不希望铁橄榄石过分发展。

（3）硅酸钙体系（$CaO-SiO_2$）。在生产熔剂性烧结矿时，通常需添加石灰石或石灰。石灰石中 CaO 与烧结料中 SiO_2 作用可形成一系列化合物。所以，熔剂性烧结矿中常存在硅酸钙矿物，如图 2-30 所示。

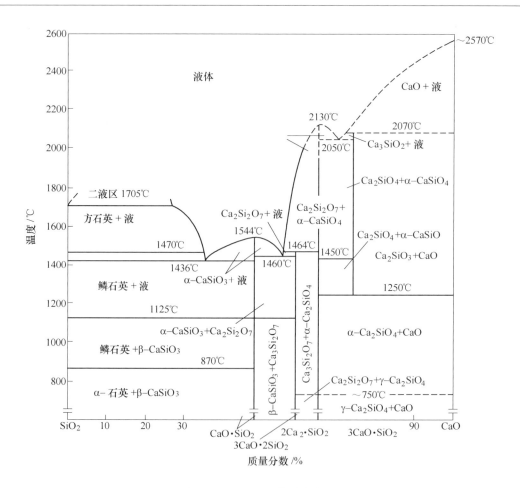

图 2-30 CaO-SiO₂ 体系状态图

从 CaO-SiO₂ 体系状态图可以看出，该体系有 CaO·SiO₂，3CaO·2SiO₂，2CaO·SiO₂ 和 3CaO·SiO₂ 等化合物。其中 CaO·SiO₂ 的熔点为 1544℃，并与 α-石英在 1436℃ 形成低熔混合物，与 3CaO·SiO₂ 也形成一个低熔点混合物，温度为 1455℃。硅钙石 3CaO·2SiO₂ 是不稳定化合物，在熔化前分解，分解温度为 1464℃：

$$3CaO \cdot 2SiO_2 \longrightarrow 2CaO \cdot SiO_2 + 液相$$

所以当温度降到 1464℃ 时，2CaO·SiO₂ 就会重新进入液相而代之出 3CaO·2SiO₂。

正硅酸钙 2CaO·SiO₂ 熔化温度是 2130℃，是该体系化合物熔点最高的。这样，在烧结温度下，2CaO·SiO₂ 体系液相极少。正硅酸钙熔点虽高，但它却是固相反应的最初产物，开始形成时温度也低。因此在烧结矿中可能存在正硅酸钙矿物，它的存在将影响烧结矿的强度。这是由于 2CaO·SiO₂ 在冷却时，发生晶型转变。正硅酸钙在不同温度下有 α、α′、β、γ 四种晶型，它们的密度（g/cm³）依次为 3.07、3.31、3.28、2.97。正硅酸钙冷却时晶型变化：

$$\alpha\text{-}2CaO \cdot SiO_2 \xrightarrow{1436℃} \alpha' \text{-} 2CaO \cdot SiO_2 \xrightarrow{1234℃} \beta\text{-}2CaO \cdot SiO_2 \rightarrow \gamma\text{-}2CaO \cdot SiO_2$$

上述的正硅酸钙晶型变化中，影响最坏的是 β-2CaO·SiO₂ 向 γ-2CaO·SiO₂ 的晶型转化,这一晶型转变可使其体积增大10%,从而发生体积膨胀,导致烧结矿在冷却时自行粉碎。

为了防止或减少正硅酸钙$2CaO \cdot SiO_2$的破坏作用,在生产中可以采用如下措施:

1) 使用粒度较小的石灰石、焦粉、矿粉加强混合作业,改善CaO与Fe_2O_3的接触,尽量避免石灰石和燃料的偏析。

2) 提高烧结矿的碱度。实践证明当烧结矿碱度提高到2.0~5.0时,剩余的CaO有助于形成$3CaO \cdot SiO_2$和铁酸钙。当铁酸钙中的$2CaO \cdot SiO_2$含量不超过20%时,铁酸钙能稳定β-$2CaO \cdot SiO_2$晶形。此外,添加少量MgO、Al_2O_3和Mn_2O_3对β-$2CaO \cdot SiO_2$晶型转变也有稳定作用。

3) 在β-$2CaO \cdot SiO_2$晶体中,加入少量的磷、硼、铬等元素以取代或填隙方式形成固溶体使其稳定。如烧结迁安铁精矿,配入1.5%~2.0%的磷灰石,能有效地抑制烧结矿的粉化。

4) 燃料用量要低,严格控制烧结料层的温度不能过高。

(4) 铁酸钙体系(CaO-Fe_2O_3)。铁酸钙是一种强度高、还原性好的黏结相。当用赤铁矿生产熔剂性烧结矿时,燃料用量要较低;用磁铁矿生产熔剂性烧结矿时,可产生铁酸钙体系化合物。

从图2-31可以看出,该体系有$CaO \cdot Fe_2O_3$、$2CaO \cdot Fe_2O_3$、$CaO \cdot 2Fe_2O_3$三种化合物,它们的熔化温度分别是1216℃、1449℃、1226℃。$CaO \cdot Fe_2O_3$和$CaO \cdot 2Fe_2O_3$形成的低共熔混合物的熔点是1195℃,而$CaO \cdot 2Fe_2O_3$只有在1150~1226℃范围内才稳定存在。

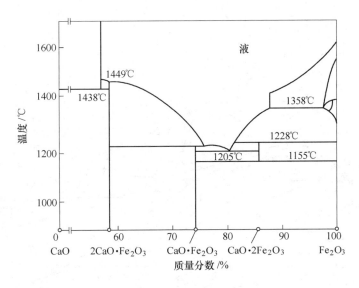

图2-31 CaO-Fe_2O_3体系状态图

CaO-Fe_2O_3体系中各化合物熔点均较低,特别是铁酸钙$CaO \cdot Fe_2O_3$对生产熔剂性烧结矿有实际意义。铁酸钙是固相反应的最初产物,从500~600℃开始,Fe_2O_3和CaO就形成铁酸钙,温度升高,反应加快。当温度升高到烧结液相生成时,已形成的铁酸钙将分解熔于熔融体中,熔融体中的CaO与SiO_2及FeO的化学亲和力比CaO和Fe_2O_3等的化学亲和力大得多。这就是低碱度（碱度小于1.0）烧结矿中，几乎不存在铁酸钙黏结的原因。因此，只有当 CaO 含量大到 CaO 与 SiO_2、FeO 等结合后还有多余的 CaO 时，CaO 才能与 Fe_2O_3 化合成铁酸钙，使自由的 CaO 减少，提高烧结矿强度和贮存强度，同时也减少 Fe_2O_3、Fe_3O_4 的分解和还原，从而减少铁橄榄石的生成，改善烧结矿的还原性。所以，在生产高碱度烧结矿时，铁酸钙才是主要胶结相。

有人认为，烧结过程形成 $CaO·Fe_2O_3$ 体系的液相不需要高温和多用燃料就能获得足够的液相，改善烧结矿强度和还原性，这就是所谓"铁酸钙理论"。

（5）钙铁橄榄石体系（$CaO-Fe_2O_3-SiO_2$）。生产熔剂性烧结矿时，用量大，料层温度高，还原性气氛强，就可以生成钙铁橄榄石体系的胶结相。这一体系的主要化合物为钙铁橄榄石（$CaO·FeO·SiO_2$）、钙铁辉石（$CaO·FeO·2SiO_2$）、黄长石（$2CaO·FeO·SiO_2$）。这些化合物的特点是能够形成一系列的固溶体，并在固溶体中产生复杂的化学变化和分解作用。

从图2-32可以看出，这些化合物的熔点随 FeO 含量增加而降低。当加入10% CaO 到 FeO 的硅酸盐中（$FeO/SiO_2=1$）时，体系熔化温度降至1030℃；但当 CaO 含量大于10%时，体系熔化温度趋于升高。围绕最低共熔点的宽广区域（混合物中 CaO 在17%以下）等温线限制在1150℃左右。

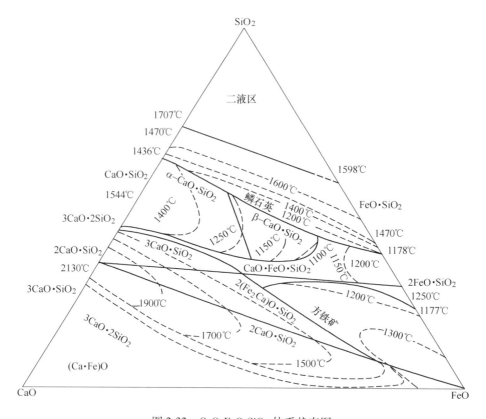

图 2-32 $CaO-FeO-SiO_2$ 体系状态图

钙铁橄榄石与铁橄榄石属于同一晶系，构造相同，生成的条件也相同。要求较高温度和还原气氛，在铁橄榄石中增加石灰石用量，则形成钙铁橄榄石，并且熔化温度下降，最低熔点为1170℃。钙铁橄榄石液相强度小，较铁橄榄石具有好的透气性，利于强化烧结过程，但易形成粗孔的烧结矿宏观构造，影响烧结矿强度。

研究证明，我国一些以磁铁矿为主要原料的烧结厂生产碱度为1~1.3烧结矿时，烧结矿的液相组成中钙铁橄榄石体系化合物占14%~16%。可见，该体系对熔剂性烧结矿的固结起很大作用。

(6) 钙镁橄榄石体系（CaO-MgO-SiO$_2$）。在生产实践中，有些烧结厂在烧结料配入少量的白云石（MgCO$_3$·CaCO$_3$）代替部分石灰石生产熔剂性烧结矿，这种做法的目的就是生成钙镁橄榄石体系化合物。

MgO与SiO$_2$可以形成两种化合物，镁橄榄石（2MgO·SiO$_2$）和偏硅酸镁（MgO·SiO$_2$），它们的熔化温度分别为1890℃和1557℃。MgO·SiO$_2$可形成共熔混合物，其熔点为1543℃。

这三个体系化合物中有钙镁橄榄石（CaO·MgO·SiO$_2$）、透辉石（CaO·MgO·2SiO$_2$）、镁蔷薇辉石（3CaO·MgO·3SiO$_2$）、镁黄长石（2CaO·MgO·2SiO$_2$）和钙镁酸盐（5CaO·2MgO·6SiO$_2$）。其中透辉石在1391℃、镁黄长石在1454℃时熔融，镁蔷薇辉石在1575℃时分解为MgO和3CaO·2SiO$_2$。

当烧结矿碱度为1.0时，烧结料中添加一定数量的MgO（10%~15%）可降低硅酸盐的熔点，使液相流动性好，而且MgO的存在可以阻碍2CaO·SiO$_2$的形成并抑制其晶型转变。这不仅对提高烧结矿强度有良好作用，而且由于MgO的加入生成钙镁橄榄石，阻碍了难还原的铁橄榄石形成，使烧结矿的还原性能得到提高。

除上面谈到的烧结矿经常出现的6个体系液相外，还有：

(1) 铁钙铝的硅酸盐体系（CaO-Al$_2$O$_3$-FeO-SiO$_2$）。当烧结料中含有适当数量的Al$_2$O$_3$时，有助于生成低熔点（1030~1050℃）的该体系四元化合物，增加烧结矿的液相量，并能减少2CaO·SiO$_2$的生成，使烧结矿强度提高。

(2) 钛钙硅酸盐体系（CaO-SiO$_2$-TiO$_2$）。烧结含钛铁矿的熔剂性烧结矿时，可产生这个体系的化合物。CaO·SiO$_2$·TiO$_2$的熔化温度为1382℃，它与CaO·SiO$_2$、CaO·TiO$_2$、SiO$_2$·TiO$_2$的混合物的最低共熔点分别为1353℃、1375℃、1373℃，这种温度水平在烧结过程中是可以达到的。

(3) MnO-SiO$_2$和MnO-FeO-SiO$_2$体系。烧结锰矿石或烧结含锰的铁矿石可生成这个体系的化合物。MnO-SiO$_2$二元体系中有锰橄榄石（2MnO·SiO$_2$）和蔷薇辉石（MnO·SiO$_2$），它们的熔点分别是1365℃和1285℃，而2MnO·SiO$_2$与MnO·SiO$_2$形成的最低共熔点为1170℃。当添加石灰石生产熔剂性烧结矿时，可生成2CaO·SiO$_2$-2MnO·SiO$_2$，其最低共熔点为1170℃，可见它们都是一些易熔化合物，有利于在较低温度下烧结。

根据体系状态图，本书较为详细地讨论了烧结过程中可能出现的液相，其多种多样，数量也各不相同的，烧结料层的温度和气氛也是变化的，相组成也是极为复杂的。但由于烧结料中的组分因而形成的化合物和液相的数量和性质，密切关系着烧结矿的产量和品质。显然，为了获得强度好的烧结矿，就必须具有足够数量的液相作为烧结过程中的胶结相。研究表明，在相同燃料消耗下，熔剂性烧结料生成的液相比非熔剂性烧结料多。而在燃料增多时，液相生成也普遍增多，但液相过多，烧结矿呈粗孔蜂窝结构，强度反而不好。这说明烧结过程中的液相量要有一个合适的量。由于原料条件不同，各烧结厂烧结的合适液相量也不同,这要通过试验和生产实践去求得。此外,液相的性质也直接影响矿物的胶结状况,液相的表面张力越小,越易润湿周围的固体颗粒,起到良好的胶结作用。钙铁橄榄石和铁酸钙比钙橄榄石[$(CaO)_{0.5} \cdot (FeO)_{1.5} \cdot SiO_2$]润湿性好,但温度升高到1350~1400℃时,这一差异就缩小了。若熔融物中有少量的NaCl和MnO,也可改善润湿性。烧结料组分不同,受液相的润湿程度也不同,CaO、MgO的润湿性最好,SiO_2次之,Fe_2O_3、Fe_3O_4最差。液相的强度影响液相润湿烧结料的速度,强度应适宜,过大过小对烧结矿强度都不好。对亚铁酸盐熔融物的润湿速度,依$CaO \cdot FeO \cdot SiO_2$、$(CaO)_{0.5} \cdot (FeO)_{1.5} \cdot SiO_2$和$2FeO \cdot SiO_2$次序递减。铁矿石烧结时可能形成的易熔化合物的易熔体的有关数据参见表2-19。

表2-19 铁矿石烧结产生的易熔化合物

体 系 组 成	熔融相特性	熔化温度/℃
Fe_3O_4-FeO	共熔混合物	1200
FeO-SiO_2	$2FeO \cdot SiO_2$	1205
	$2FeO \cdot SiO_2$-SiO_2共熔混合物	1178
	$2FeO \cdot SiO_2$-FeO	1177
	$2FeO \cdot SiO_2$-FeO	1142
MnO-SiO_2	$2MnO \cdot SiO_2$与$MnO \cdot SiO_2$共熔混合物	1251
	$MnO \cdot SiO_2$异成分熔化	1291
	$2MnO$-SiO_2异成分熔化	1323
CaO-Fe_2O_3	$CaO \cdot Fe_2O_3 \rightarrow$熔体$+ 2CaO \cdot Fe_2O_3$异成分熔化	1216
	$CaO \cdot Fe_2O_3$-$CaO \cdot 2Fe_2O_3$共熔混合物	1205
	$2CaO \cdot Fe_2O_3$	1449
FeO-Fe_2O_3-CaO	(18%CaO+82%FeO)-$CaO \cdot Fe_2O_3$固溶体的共熔混合物	1140
$CaO \cdot SiO_2$-$2CaO \cdot Fe_2O_3$	$CaO \cdot SiO_2$-$2CaO \cdot Fe_2O_3$共熔混合物	1185
$2FeO \cdot SiO_2$-$2CaO \cdot SiO_2$	$(CaO) \cdot (FeO)_{2-x} \cdot SiO_2$钙镁橄榄石 $x = 0.19$	1150
$2CaO \cdot SiO_2$-FeO		1280
Fe_3O_4-Fe_2O_3-$CaO \cdot Fe_2O_3$	Fe_3O_4-$\begin{Bmatrix}CaO \cdot Fe_2O_3\\2CaO \cdot Fe_2O_3\end{Bmatrix}$共熔混合物	1180
Fe_2O_3-SiO_2-CaO	$CaO \cdot SiO_2$-$2CaO \cdot Fe_2O_3$共熔混合物	1180
	$2CaO \cdot SiO_2$-$CaO \cdot Fe_2O_3$-$CaO \cdot 2Fe_2O_3$共熔混合物	1192
$4CaO \cdot Al_2O_3 \cdot Fe_2O_3$-$2CaO \cdot SiO_2$	$4CaO \cdot Al_2O_3 \cdot Fe_2O_3$-$2CaO \cdot SiO_2$共熔混合物	1340
FeO-Al_2O_3	FeO-FeO$\cdot Al_2O_3$共熔混合物	1305
FeO-SiO_2-Al_2O_3	$FeO \cdot Al_2O_3$-SiO_2-$3Al_2O_3 \cdot 2SiO_2$共熔混合物	1205
	$2FeO \cdot Al_2O_3$-FeO-Al_2O_3-SiO_2共熔混合物	

2.3.8.3 液相冷却结晶

随着燃烧带下移,料层上部烧结矿便开始冷却结晶。烧结矿在冷却过程中仍发生许多物理化学变化,冷却过程对烧结矿品质影响很大。

随着烧结矿层的温度降低,其液相中的各种化合物开始冷却结晶。结晶的原则是:熔点高的矿物首先开始结晶析出,所剩液相熔点依次越来越低,然后才是低熔点矿物析出。因此,矿物组成就是在高熔点矿物周围出现低熔点矿物。

A 冷却强度(1min 温度下降的度数)

冷却强度是影响冷却过程的主要因素。烧结矿层温度下降速度,在表层是 120 ~ 130℃/min,下层冷却过程只有 40 ~ 50℃/min。冷却速度过快,液相不能将其潜能释放出来,就形成易破碎的玻璃质,这是烧结矿强度降低的重要因素。根据研究,烧结矿由烧结温度缓冷(冷却速度 10 ~ 15℃/min)到 800℃,烧结矿再结晶进行完全,其强度高。但在 800℃以下降低冷却速度,并不能得到好的效果,因缓冷有助于 $2CaO \cdot SiO_2$ 的低温相变,使烧结矿强度有所下降。冷却太慢也降低烧结机产量,造成烧结矿卸下温度太高,给运输胶带带来困难。抽风速度、抽风量、料层透气性等都影响冷却强度。

B 冷凝与结晶

液相随温度降低而逐渐冷凝,各种化合物开始结晶。未熔融的烧结料中的 Fe_2O_3、Fe_3O_4 颗粒,以及从烧结料中随抽风带来的结晶碎片、粉尘等,都可充当晶核,然后围绕晶核依各种矿物熔点高低先后结晶,晶核沿着传热方向呈片状、针状、长条状和树枝状不断长大。因各处冷却条件不同,晶粒发展也不一样。一般说来,表面层冷却速度快,结晶发展不完整,易形成无一定结晶形状、易碎的玻璃质;下部料层冷却缓慢,结晶较完整,这是下部烧结矿层品质好的主要原因。液相冷凝速度过快,大量晶粒同时生成而互相冲突排挤,又因各种矿物的膨胀系数不同,结晶过程中烧结矿内部晶粒间产生的内应力不易消除,甚至使烧结矿内产生细微裂纹,降低了烧结矿强度。此外,空气通过热烧结矿时,其气孔边缘的磁铁矿可被氧化成赤铁矿。这种再生赤铁矿加剧了烧结矿的低温还原粉化,影响烧结矿的热强度。从胶结角度看,烧结矿的主要胶结相如为铁酸钙,则强度最好,铁橄榄石、钙铁橄榄石次之。

C 再结晶

已经凝固结晶的物质,继续冷却时发生晶型转变,称为再结晶。正硅酸钙($2CaO \cdot SiO_2$)在 675℃时的低温晶型转变,即 $\beta\text{-}2CaO \cdot SiO_2 \rightarrow \gamma\text{-}2CaO \cdot SiO_2$,使烧结矿体积增大 10%,是影响烧结矿品质的主要因素,应注意加以避免。

2.3.9 烧结矿的矿物组成、结构及其对品质的影响

烧结矿是烧结过程的最终产物。在烧结料层中,随着燃料燃烧结束,温度逐渐降低,液相开始冷凝,各种化合物陆续从液相熔融物中析出晶体,即内部质点呈规则排列的固体。结晶按其完整程度分为自形晶(有完整的结晶外形)、半自形晶(部分结晶面完好)和他形晶(形状不规则且没有任何良好的晶面)三种晶形,来不及结晶的熔融物,则转变成玻璃质进入烧结矿中。

烧结矿的矿物成分和结构由烧结过程熔融体成分和冷却速度决定。而烧结矿的矿物组成和结构,在很多方面决定着烧结矿的冶金性能。因此,对烧结矿物组成、结构的研究,对控制和研究烧结矿的品质有十分重要的意义。

在烧结过程中,任何燃料消耗量下(燃料量适中,或过高或过低)所形成的烧结矿的构造是不均匀的,这是由于烧结矿配料成分和固体燃料的分布不均匀所致。同时,通常烧结矿的结晶过程是不平衡的，烧结矿中总含有来不及结晶的玻璃体。当熔融体快速冷却时，影响晶体完好生成，并促成熔融体内热能和浓度分布不均匀，以致形成各种骨架状和树枝状晶体。但是矿物的结晶顺序不取决于冷却速度，而取决于固液相线的曲线形状。因此，烧结矿物的结晶顺序，可应用相图来解释。

由于烧结矿的矿物是在短时间内快速加热和急速冷却条件下得到的产物，因此常达不到平衡状态，故矿物的外形、光学性质和组织结构变得非常复杂。目前，对烧结矿矿物及其结构研究的方法很多，用显微镜观察，根据矿物晶形和光学性质不同，借以鉴定烧结矿的矿物组成和结构，是重要的方法之一。

2.3.9.1 烧结矿的矿物组成

烧结矿的矿物组成因烧结原料的矿物成分和操作条件不同而异，见表 2-20。

表 2-20 我国一些钢铁企业烧结矿矿物组成 （%）

厂名	磁铁矿	赤铁矿	铁酸钙	硅酸钙	玻璃相	浮氏体	橄榄石	钙钛矿	钙铁辉石	钛榴石	钛酸钙	枪晶石	萤石	镁黄长石	碱度
鞍钢一烧	56.3	6.8	3.0	3.3	11.0	5.5	30.8								1.2
本钢	60.0	10.0	8.0		10.0	3.0	4.0								1.2
首钢一烧	63.0	5.0	5.0	2.0	21.0	3.0	<1								1.01
首钢二烧	58.0	14.0	11.0	1.0	13.0	1.0	2.0								1.39
攀钢	35.5	38.5	3.0		0.8			7.0	6.0	1.0	3.0				1.78
包钢	53.5	15.0	14.2	少	少		少					25.5	2.4		1.76
包钢高 MgO	65~70	2~3	7~8	少	少		少					15.0	1.0	6~7	1.74
酒钢	8.0		5.0	5~7	8~10										1.38
马钢一烧	60.0	8.0	15.0	3.0	10.0										1.49
马钢二烧	63.0	3.0	20.0	5~8	3.0										1.69
重钢	20.3	0.8	28.4	5.8	22.8	金属Fe	19.1								2.49

非自熔性烧结矿含铁矿物主要有磁铁矿（Fe_3O_4）、浮氏体（FeO）、赤铁矿（Fe_2O_3）；黏结相矿物有铁橄榄石（$2FeO \cdot SiO_2$），钙铁橄榄石$[(CaO)_x \cdot (FeO)_{2-x} \cdot 2SiO_2]$，铁酸钙（$CaO \cdot Fe_2O_3$）、硅钙石（$3CaO \cdot 2SiO_2$）、石英（$SiO_2$）、玻璃体、金属铁等。主要的黏结物是铁橄榄石及少量的钙铁橄榄石、玻璃体等。自熔性烧结矿含铁矿物主要有磁铁矿、浮氏体、赤铁矿；黏结相矿物有钙铁橄榄石、玻璃体、金属铁、橄榄石类（铁橄榄石、钙镁橄榄石的固溶体）。硅酸钙（$CaO \cdot SiO_2$、$\beta\text{-}2CaO \cdot SiO_2$、$\alpha\text{-}2CaO \cdot SiO_2$、$3CaO \cdot 2SiO_2$），铁酸钙（$CaO \cdot Fe_2O_3$、$2CaO \cdot Fe_2O_3$、$3CaO \cdot FeO \cdot Fe_3O_4$、$4CaO \cdot FeO \cdot Fe_2O_3$、$CaO \cdot FeO \cdot Fe_2O_3$、$CaO \cdot 3FeO \cdot Fe_2O_3$），钙铁辉石（$CaO \cdot FeO \cdot 2SiO_2$），钙铁辉石-钙镁辉石固溶体、石英、石灰；如含氧化铝脉石的磁铁矿烧结时，还含有铝黄长石（$2CaO \cdot Al_2O_3 \cdot SiO_2$）、铁黄长石（$2CaO \cdot Fe_2O_3 \cdot 3SiO_2$）、铁铝酸四钙（$4CaO \cdot Al_2O_3 \cdot Fe_2O_3$），钙铁榴石（$3CaO \cdot Fe_2O_3 \cdot 3SiO_2$）；如 MgO 含量较多时，还有钙镁橄榄石（$CaO \cdot MgO \cdot 2SiO_2$）等。主要黏结物为钙铁橄榄石、玻璃体等。高碱度烧结矿（如碱度大于 2.0）的矿物，主要是磁铁矿、钙质浮氏体；黏结相矿物有铁酸钙、硅酸三钙（$3CaO \cdot Fe_2O_3$）、

硅酸二钙（$2CaO \cdot SiO_2$）。主要黏结物是铁酸钙。

上述矿物组成对于某一烧结矿来说，不一定全部矿物都有，而且矿物数量有多有少。磁铁矿和浮氏体是各种烧结矿的主要矿物。磁铁矿物从熔融体中最早结晶出来，形成完好的自形晶。浮氏体的含量随烧结料中含碳量增加而增加，烧结矿冷却时，浮氏体局部氧化为磁铁矿，或分解成磁铁矿与金属铁。烧结矿中非铁矿物以硅酸盐类矿物为主。

从表2-21可以看出：赤铁矿、磁铁矿、铁酸一钙、铁橄榄石等均具有较好的强度，而钙铁橄榄石，当 $x = 0.25 \sim 1.0$ 时强度较好，铁酸二钙强度差，玻璃质强度最差（抗压强度只有460kPa）。要得到强度好的熔剂性烧结矿，就要使烧结矿的黏结相矿物中具有较多的低氧化钙的钙铁橄榄石和铁酸一钙等。

表2-21 烧结矿主要矿物及黏结相的性能

矿 物	熔化温度/℃	抗压强度/kPa	还原率/%
赤铁矿 Fe_2O_3	1536（1566）	2670	49.9
磁铁矿 Fe_3O_4	1590	3690	26.7
铁橄榄石 $2FeO \cdot SiO_2$	1205	2000	1.0
钙橄榄石 $CaO_{0.25} \cdot FeO_{1.75} \cdot SiO_2$	1160	2650	2.1
$CaO_{0.5} \cdot FeO_{1.5} \cdot SiO_2$	1140	5660	2.7
$CaO \cdot FeO_{1.5} \cdot SiO_2$（结晶相）	1208	2330	6.6
$CaO \cdot FeO \cdot SiO_2$（玻璃相）		460	3.1
$CaO_{1.5} \cdot FeO_{0.5} \cdot SiO_2$		1020	1.2
铁酸一钙 $CaO \cdot Fe_2O_3$	1216	3700	40.1
铁酸二钙 $2CaO \cdot Fe_2O_3$	1436	1420	28.5
二铁酸钙 $2CaO \cdot 2Fe_2O_3$	1200		58.4
三元铁酸钙 $CaO \cdot 2Fe_2O_3$	1380		59.6
枪晶石 $3CaO \cdot 2SiO_2 \cdot CaF_2$	1410	672.8	
硅灰石 $CaO \cdot SiO_2$	1540	1135.8	
镁黄长石 $2CaO \cdot MgO \cdot 2SiO_2$	1590	2382.7	
铝黄长石 $2CaO \cdot Al_2O_3 \cdot 2SiO_2$	1451~1596	1620.4	
钙镁辉石 $CaO \cdot MgO \cdot 2SiO_2$	1390	580.2	
镁蔷薇辉石 $3CaO \cdot MgO \cdot 2SiO_2$	1598	1981.5	
正硅酸钙 $2CaO \cdot SiO_2$	2130		
钙镁橄榄石 $CaO \cdot MgO \cdot SiO_2$	1490		

表2-21中所列的烧结矿强度是在常温下测定的各种矿物机械强度。但是，从一些高炉解剖中发现，即使是优质的烧结矿在冶炼状态下其粉化率也比入炉前要高出2~3倍，严重时甚至影响高炉正常生产。

一些实验确定，烧结矿的最大粉化率多发生在500~550℃的温度范围内。这固然与碳的沉积有关，但与烧结矿本身的矿物结构、固结强度的关系更为密切。当烧结矿的固结强度不足以克服 Fe_2O_3 还原膨胀所产生的内应力时，烧结矿便发生碎裂粉化。然而，并不是所有 Fe_2O_3 还原的都粉化，Fe_2O_3 有多种形态，造成物化的是骸晶状菱形赤铁矿（烧结矿中大约9.8%，其低温还原粉化率为46.5%）。

各种矿物的机械强度和还原性并不是完全一致的。铁橄榄石和某些钙铁橄榄石虽有较好的强度，但还原性都差，只有铁酸一钙机械强度和还原性都好。铁酸一钙属于低级晶系，晶格能小，易于分解和还原，而玻璃质的机械强度和还原性都最差。

2.3.9.2 影响烧结矿矿物组成的因素

在烧结时，铁精矿粉（含铁原料）的组成是决定烧结矿中不同矿物组成的内在因素，而配加熔剂和燃料的品种和用量、其他少量添加剂品种和用量以及烧结过程中的工艺条件，则是影响烧结矿矿物组成的外在因素。

A 烧结原料的含铁量与脉石成分对烧结矿矿物组成的影响

同样是高碱度但由于含铁品位不同，烧结矿的矿物组成相差较大，见表2-22~表2-25。

表2-22 烧结矿化学成分（低品位） （%）

烧结矿成分	TFe	FeO	CaO	MgO	SiO$_2$	Al$_2$O$_3$	S	碱 度	原料情况
韶关钢铁厂	37.45	10.70	24.88	3.60	12.2	2.51	0.206	2.24	大宝山褐铁矿粉
南京钢铁厂	48.5	15.00	15.00	4.80	10.5	—		1.90	冶山精矿+原矿粉
太钢-3（实验室）	44.82	13.16	18.79	2.82	11.0	2.30	–	1.71	峨口精矿+杂矿粉

表2-23 烧结矿矿物含量及冶金性能（低品位） （%）

矿物与冶金性能	Fe$_3$O$_4$	Fe$_2$O$_3$	铁酸钙	硅酸钙	玻璃质	橄榄石	黄长石	其他	还原率	低温粉化率	软化温度/℃
韶关钢铁厂	35~40	—	3~5	3~5	3~5	3~5	2~3	2~3	—	—	—
南京钢铁厂	50~55	2~3	6	10	3	30		浮氏体 7~8	—		1225~1300
太钢-3（实验室）	40~45	1~2	5	15	30	—		1	48.88	9.91	1164~1212

表2-24 烧结矿化学成分（高品位） （%）

成分	TFe	FeO	SiO$_2$	CaO	MgO	Al$_2$O$_3$	碱度	配碳	原料配比
太-1（实验室）	50.84	11.77	8.60	14.30	2.82	2.55	1.765	3.5	60澳矿+40峨矿
太-8（生产）	55.19	8.44	6.78	10.66	2.02	1.56	1.572	4.2	38利精矿+20峨矿+42澳矿
宝钢（实验室）	57.39	7.0	5.98	10.09	1.53		1.65		

表2-25 烧结矿矿物含量及冶金性能（高品位） （%）

性 能	Fe$_3$O$_4$	Fe$_2$O$_3$	铁酸钙	硅酸盐	玻璃质	其他	还原率	低温粉化率	软化温度/℃
太-1（实验室）	50~55	3	20~25	5~10	15	1	59.57	20.51	1133~1232
太-8（生产）	45	10	35~40	2	5	1	67.76	32.80	1081~1257
宝钢（实验室）	17	10~20	30~35	10~15	7	4	76.37	31.36	1225~1260

从上述四个表的比较可以看出：

含铁37.5%～48.5%的低品位烧结矿，其FeO含量大都高于10%，Fe_2O_3 1%～3%，烧结矿中含铁矿物主要是磁铁矿，而含铁50%～57%的高品位烧结矿Fe_2O_3含量为10%～15%。含硅量为10%～13.3%的低品位烧结矿，黏结相是以硅酸矿物为主，铁酸钙含量仅有3%～6%，而含量在6%～9%的高品位烧结矿，黏结相是以铁酸钙为主。

矿石脉石成分对烧结矿矿物组成的影响，以SiO_2含量影响最大。见表2-26，用含12.9% SiO_2 的鞍山精矿和含1.7% SiO_2 的马钢凹山精矿烧结，在相似的烧结条件下，矿物组成有很大差别。鞍山烧结矿主要黏结相为钙铁橄榄石和玻璃质，它将均匀分散的磁铁矿晶粒黏结起来，强度尚好。在相似条件下，马钢烧结矿只有磁铁矿、赤铁矿和玻璃质，烧结矿由大面积磁铁矿集合体组成，强度不好。由此可见，脉石中含有一定数量的SiO_2以生成相当数量的液相，是提高烧结强度的有利因素。

表2-26 不同烧结矿的矿物组成

名称	烧结条件		烧结矿矿物组成/%							
	混合料含碳/%	碱度 $w(CaO/SiO_2)$	磁铁矿	赤铁矿	铁酸钙	玻璃质	钙铁橄榄石	硅酸钙	游离CaO	高温石英
鞍山烧结矿	3.5	1.20	48.5	16.4	1.3	12.5	11.6	4.5	3.5	1.8
马钢凹山烧结矿（一）	4.0	1.17	86.4	7.0	—	7.0	—	—	—	—
鞍山烧结矿	4.0	1.55	47.5	7.5	3.3	15.6	23.5	2.6	—	—
马钢凹山烧结矿（二）	4.8	1.52	88.8	5.0	—	7.2	—	—	—	—

脉石中Al_2O_3数量比较多，它在烧结过程中进入熔融体，使烧结矿结构复杂化。Al_2O_3含量大于7%时，铝铁盐增多，并随Al_2O_3含量的增加，$CaO \cdot Al_2O_3 \cdot Fe_2O_3$增多，$4CaO \cdot Al_2O_3 \cdot Fe_2O_3$减少，硅酸盐胶结物中有多种黄长石（如铁黄长石$2CaO \cdot Fe_2O_3 \cdot 3SiO_2$，铝黄长石$2CaO \cdot Al_2O_3 \cdot 3SiO_2$），这就减少了$2CaO \cdot SiO_2$的生成。同时，由于$Al_2O_3$生成铝酸钙和铁酸钙固溶体（$CaO \cdot Al_2O_3$-$CaO \cdot Fe_2O_3$），降低了烧结料熔化温度，且$Al_2O_3$能增加液相表面张力。降低氧离子扩散，有利于高氧化度烧结矿生产。

B 燃料用量和影响

烧结矿的矿物组成是随着烧结料中固定碳的不同用量而变化的，图2-33是烧结非熔剂性赤铁矿时矿物组成的变化。当燃料量过少时（含碳3.5%～4%），不能保证赤铁矿充分还原和分解。原生及次生赤铁矿增加，晶粒细小，磁铁矿结晶程度差，料层中液相量少，铁橄榄石和钙铁橄榄石含量少，甚至仅呈固相反应；这种橄榄石分布在磁铁矿和石英接触处，不起连接作用。黏结相主要是玻璃质，孔洞多，烧结矿强度低，这就是燃料不足时，非熔剂性烧结矿强度差的原因之一。

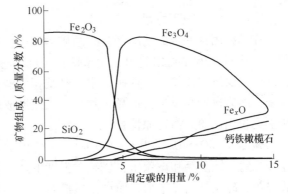

图2-33 烧结矿矿物组成与固定碳的关系

在正常燃料用量情况下，烧结矿矿物主要由磁铁矿和铁橄榄石组成，含有少量的浮氏体、原生赤铁矿及石英，磁铁矿结晶程度高，黏结相主要为钙铁橄榄石，孔洞少，烧结矿强度提高。当燃料用量高时（大于7%），浮氏体和橄榄石增多，磁铁矿相应减少，还可能出现金属铁，烧结矿因过熔造成大孔薄壁或气孔很少的烧结矿，烧结矿的产量、品质都不好。

图2-34是某厂用磁铁矿精矿烧结，碱度为1.25时，不同配碳量烧结矿的矿物组成情况。从图2-34中可以看出，配碳量低（3.2%），烧结矿中浮氏体极少或几乎没有，硅酸钙和其他硅酸盐矿物也少，烧结矿不粉化。但由于硅酸盐黏结相少，所以烧结矿强度差。图2-35的曲线表明，随着配碳量增加，烧结温度升高，还原气氛加强，烧结矿中浮氏体显著增加，硅酸盐黏结相矿物也有所增多，赤铁矿和铁酸钙明显下降，烧结矿强度好。当配碳量达到11%时，烧结矿中的铁酸钙接近消失，硅酸盐黏结相增加，强度虽好，但由于发生 $\beta\text{-}2CaO \cdot SiO_2 \rightarrow \gamma\text{-}2CaO \cdot SiO_2$ 的相变，烧结矿的粉化严重。

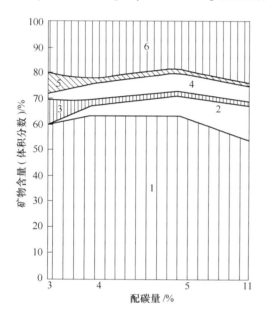 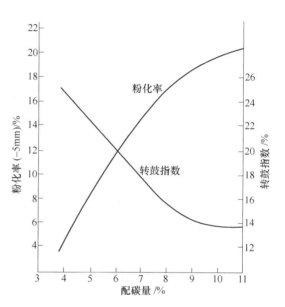

图2-34 不同配碳量对烧结矿矿物组成的影响　　图2-35 不同配碳量对烧结矿强度和粉化率的影响

C　烧结矿碱度的影响

在燃料用量一定的情况下，烧结矿的最终矿物组成仅取决于烧结矿的碱度，如图2-36所示。从图2-36中可以看出，用磁铁精矿烧结时，碱度小于1的酸性烧结矿，主要矿物为磁铁矿及少量浮氏体和赤铁矿，主要黏结相为铁橄榄石及少量玻璃质。磁铁矿结晶程度较完全，多为自形晶及半自形晶，并与黏结相形成均匀的粒状结构，烧结矿强度好，冷却时几乎无粉化现象，但还原性差。

碱度（CaO/SiO_2）为1~1.5时，黏结相矿物主要有钙铁橄榄石及少量的硅酸一钙、硅酸二钙、铁酸钙和玻璃质，烧结矿强度下降，冶金性能也不太好。随着碱度的提高，硅酸二钙、硅酸钙明显增加，而钙铁橄榄石和玻璃质则逐渐减少。磁铁矿以他形晶为主，晶粒细小，与铁酸钙形成熔融结构，烧结矿强度和还原性都好，且因过剩的CaO有稳定

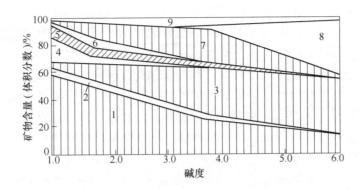

图 2-36 烧结矿矿物组成与碱度的关系
1—磁铁矿（有少量浮氏体）；2—赤铁矿；3—铁酸钙；4—钙铁橄榄石；5—玻璃体；
6—硅石灰；7—硅酸二钙；8—硅酸三钙；9—游离石灰、石英及其他硅酸盐矿物

$\beta\text{-}2CaO \cdot SiO_2$ 作用，烧结矿不粉化。

D 其他添加物的影响

我国有些烧结厂在配料中添加部分白云石代替石灰石。结果发现随着 MgO 含量的增加，烧结矿的粉化明显下降，使烧结矿强度大为改善，这是因为烧结料中含 MgO 时，形成了新的黏结相矿物。如钙镁橄榄石、镁蔷薇辉石等。这些矿物熔点较高，但其混合物在 1400℃ 可以熔融。烧结矿中的 MgO 有稳定 $\beta\text{-}2CaO \cdot SiO_2$ 的作用。因此，适当添加白云石作熔剂可以提高烧结矿强度，减少粉化，也提高了还原性。这是因为 MgO 阻碍或减少了难还原的铁橄榄石、钙铁橄榄石的形成。

在烧结配料中加入少量的磷灰石或少量含磷铁矿也能起到防止烧结矿粉的作用。如有烧结厂的烧结矿含磷达 0.04% 时，烧结矿较少粉化。这是因为磷在烧结矿中能与 $2CaO \cdot SiO_2$ 形成固溶体，使其不发生相变。

另外，在烧结含酸性脉石的磁铁精矿时，配加一定的赤铁矿粉或含 Al_2O_3 的铁矿粉形成铁酸钙、铁黄长石、钙铁榴石、铝黄长石等矿物，以减少或消除硅酸二钙的形成。

E 烧结操作制度的影响

烧结过程的温度和气氛等对烧结矿矿物也有一定的影响。除燃料外，点火温度、冷却速度、料层高度都有直接影响，如烧结料表层温度低、冷却快、化合反应不充分、矿物以赤铁矿为主、主要黏结相为玻璃质、强度差，在往下的料层中，温度升高，还原气氛增强，玻璃质逐渐减少，橄榄石、铁酸钙等矿物增多，浮氏体广泛出现，磁铁矿逐渐增加，赤铁矿逐渐减少，烧结矿强度提高。

2.3.9.3 烧结矿的结构

随着生产实践和科学技术的发展，烧结工作者逐渐认识到：烧结矿的组织结构不但支配着烧结矿的物理机械性能，还支配着冶金性能。因此，对烧结矿组织结构的研究，是改善和提高烧结品质、产量的重要方面。

A 烧结矿的宏观结构

宏观结构指肉眼能看见孔隙的大小、孔隙的分布状态和孔壁的厚薄等。烧结矿的宏观

结构可分以下三种：

（1）疏松多孔、薄壁结构。疏松多孔、薄壁的烧结矿强度差、易破损、粉末多，但易还原。这种结构的烧结矿一般是在配碳低、液相量少、液相强度小的情况下出现。

（2）中孔、厚壁结构。中孔、厚壁结构的烧结矿强度高，粉末少，还原性一般。这种结构的烧结矿是我们所希望的，一般在配碳适当、液相量充分的情况下出现。

（3）大孔、厚壁。大孔、厚壁结构的烧结矿强度较好，但还原性差。当配碳过高、过熔时，常出现大孔薄壁结构的烧结矿，其强度、还原性都差。

B　烧结矿的微观结构

微观结构指借助于显微镜观察矿物的结晶情况，含铁矿物与液相矿物数量和分布情况，微气孔的种类、数量及分布情况，单个相的界面种类和大小等。

（1）多孔结构。烧结矿呈海绵状多孔构造。一般来说，烧结反应进行越充分，气体越少；固结加强，气孔壁加厚。因此，气孔率达到一定值也是烧结矿固结的要求之一，其值与烧结矿性质有密切的关系。图2-37、图2-38所示为气孔率与强度和还原性的关系。可以看出，烧结矿气孔率越低，黏结情况越好，烧结矿强度也越高；相反，气孔率越低，与煤气接触面越小，烧结矿的还原性越差。因此，气孔率过大、过小都不好，有一最佳值。

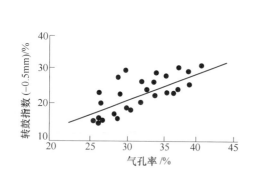

图 2-37　烧结矿气孔率与强度关系

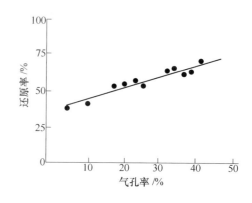

图 2-38　烧结矿气孔率与还原性的关系

（2）组织不均匀。从微观上看，烧结矿组织不均匀，除相当于烧结矿平均成分的矿物组织外，一般在局部区域还分散地存在与平均成分不同的矿物组织。这种组织上的不均匀性造成烧结矿性质不稳定。一般烧结矿中均含有比平均成分（例如 CaO/SiO_2 为 1.4，2.0）碱度或高或低的组织以及未同化而残留的原来的矿石。烧结矿成分越是不均匀，其品质（低温还原粉化性）越差；烧结矿越接近平均成分，其品质越好越稳定。

（3）生成矿物。烧结矿品质与构成烧结矿的矿物种类及性质直接相关。因此，在某种意义上说烧结生产本质就是制造矿物。根本问题在于如何在短时间内，高效率地形成液相并进行固结，以及如何更多地生产出品质良好的矿物。

C　熔剂性烧结矿常见的显微结构

（1）粒状结构。当熔融体冷却时磁铁矿首先析晶出来，形成完好的自形晶粒状结构，这种磁铁矿也可以是烧结矿配料中的磁铁矿再结晶产生的。有时由于熔融体冷却速度较快，析晶出来的磁铁矿为半自形晶和他形晶，粒状结构分布均匀，烧结矿强度好。

通常磁铁矿晶体中心部分是被熔融的原始精矿粉颗粒,而外部是从熔融体中结晶出来的,即在原始精矿粉周围又包上薄薄一层磁铁矿。

(2)共晶结构。磁铁矿呈圆点状存在于橄榄石的晶体中,磁铁矿圆点状晶体是 Fe_3O_4-$Ca_xFe_{(2-x)}$-SiO_4 系统共晶部分形成的。磁铁矿呈圆点状存在于硅酸二钙晶体中,这些矿物共生是在 Fe_3O_4-Ca_2SiO_4 系统共晶区形成的。

赤铁矿呈细粒状晶体分布在硅酸盐晶体中,是 Fe_3O_4-$Ca_xFe_{(2-x)}$-SiO_4 系统共晶体被氧化而形成的。

(3)斑状结构。烧结矿中含铁矿物与细粒黏结相组成斑状结构,强度较好。

(4)骸晶结构。早期结晶的含铁矿物晶粒发育不完全,只形成骨架,中间由黏结相充填,可看到含铁矿物结晶外形和边缘呈骸晶结构。这是强度差的一种结构。

(5)交织结构。含铁矿物与黏结相矿物(或同一种矿物晶体)彼此发展或交叉生长,这种结构强度最好。高品位和高碱度烧结矿中此种结构较多。

(6)熔融结构。烧结矿中磁铁矿多为熔融残余他形晶,晶粒较小,多为浑圆状,与黏结相形成熔融结构,在熔剂性液相量高的烧结矿中常见,含铁矿物与黏结相接触紧密,强度最好。

混合料的烧结是烧结工艺中最关键的环节,在点火后直至烧结终了整个过程中,烧结料层不断发生变化。为了使烧结过程正常进行,获得最好的生产指标,对于烧结风量、真空度、料层厚度、机速和烧结终点的准确控制是很重要的。

2.3.10 烧结风量和负压

单位烧结面积的风量大小是决定产量高低的主要因素。当其他条件一定时,烧结机的产量与料层的垂直烧结速度成正比,而通过料层的风量越大烧结速度越快。所以产量随风量的增加而提高,见表 2-27。

表 2-27 风量大小对烧结产物的影响

风量		抽风机前压力/Pa	垂直烧结速度		烧结机利用系数	
$m^3/(m^2 \cdot min)$	%		mm/min	%	$t/(m^2 \cdot h)$	%
80	100	8026(819 mmH_2O)	23.2	100	1.42	100
100	125	11250(1148 mmH_2O)	30.4	131	1.90	134

但是风量过大,烧结速度过快,将降低烧结矿的成品率。这是因为风量过大,会造成燃烧层的快速推移,混合料各组分没有足够时间互相黏结在一起,往往只是表面的黏结,生产量很高时,甚至有部分矿石其原始矿物组成也没有改变,结果烧结矿强度降低,细粒级增多。另外,由于风量增加,冷却速度加快也会引起烧结矿强度降低。

为了增加通过料层的风量,目前生产中总的趋势是在改善烧结混合料透气性的同时,提高抽风机能力,即增加单位面积的抽风量,以及改善烧结机及其抽风系统的密封件,减少有害漏风和采取其他技术措施。

抽风烧结过程是在负压状态下进行的,为了克服料层对气流的阻力,以获得所需的风量,料层下必须保持一定的真空度。在料层透气性和有害漏风一定的情况下,抽风箱内能造成的真空度高,抽过料层的风量就大,对烧结是有利的。所以,为强化烧结过程,都选配较大风量和较高负压风机。

真空度的大小取决于风机的能力、抽风系统的阻力、料层的透气性及漏风损失的情况。当风机能力确定后,真空度的变化是判断烧结过程的一种依据。正常情况下,各风箱有一个相适应的真空度,如真空度出现反常情况,则表明烧结抽风系统出了问题。当真空度反常地下降时,可能发生了跑料、漏料、漏风现象,或者风机转子被严重磨损,管道被堵塞等;当真空度反常地上升时,可能是返矿质量变差、混合料粒度变小、烧结料压得过紧、含碳含水波动、点火温度过高以致表层过熔等。据此可进一步检查证实,采取相应措施进行调整,以保证烧结过程的正常进行。

随着烧结过程往下推移,料层的透气性和物料状态不断变化。因此,生产过程中对各风箱风量的控制是不一样的,借以保证混合料烧透烧好。表2-28是国内75m²烧结机正常生产时,各风箱真空度的分配情况。1号、2号风箱处于点火燃烧部位,此时需风量较少;3~12号风箱部位燃烧过程激烈进行,料层透气性较差,要求大风、高真空度;最后三个风箱处烧结过程即将结束,烧结料层透气性好,相应减小风量和真空度,也可以防止烧结矿急冷而变脆。对风量和真空度的控制是通过调节抽风机室各集气支管上的蝶阀来实现的。

表 2-28 75m² 烧结机各风箱真空度的分配情况

风箱号	1	2	3~12	13	14	15	集气总管(除尘器前)	抽风机前
真空度/kPa	6.0~7.0	7.0~8.0	8.5~9.5	8.0	7.5	7.0	10.0	11.0

2.3.11 料层厚度与机速

料层厚度直接影响烧结矿的产量、质量和固体燃料消耗。一般说来,料层薄,机速快,生产率高;但表层强度差的烧结矿数量相对增加,使烧结矿的平均强度降低,返矿和粉末增加,同时还会削弱料层的"自动蓄热作用",增加固体燃料用量,使烧结矿的FeO含量增高,还原性变坏。采用厚料层操作时,烧结过程热量利用较好,可以减少燃料用量,降低烧结矿FeO含量,改善还原性;同时,强度差的表层矿数量相对减少,利于提高烧结矿的平均强度和成品率。但随着料层厚度增加,料层阻力增大,烧结速度有所降低,产量有所下降。如图2-39所示,在料层较薄时,生产率较高,成品率较低;随料层增厚,成品率增加,但生产率又有所下降,而且在低真空度操作时,影响更明显。因此,合适的料层厚度应将高产优质结合起来考虑,根据烧结料层透气性和风机能力加以选定。在不断改善烧结料层透气性的基础上,增加料层厚度,应是努力的方向。实践表明,采用厚料层、高负压、大风量三结合的操作方法,是实现高产优质的有效措施。

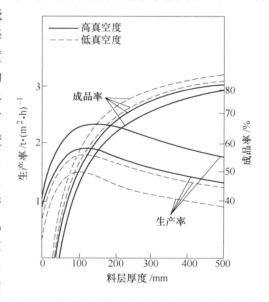

图 2-39 烧结生产率、成品率与料层厚度的关系

国内烧结厂对磁铁矿、赤铁矿烧结料一般采用 400~500mm 厚的料层操作,有的工厂如鞍钢三烧烧结机抽风能力较强,料层厚度为 650~750mm,个别的达到 800mm。国外趋于增厚料层,通常高于我国选用的料层厚度。生产中料层厚度大体稳定,当料层透气性变化时,用调整机速来控制烧结生产。

在烧结过程中,机速对烧结矿的产量和质量影响很大。机速过快,烧结时间过短,导致烧结料不能完全烧结,返矿增多,烧结矿强度变差,成品率降低;机速过慢,则不能充分发挥烧结机的生产能力,并使料层表面过熔,烧结矿 FeO 含量增高,还原性变差。为此,应根据料层的透气性选择合适的机速。合适的机速应当是在一定的烧结条件下保证能在预定的烧结终点烧好烧透。影响机速的因素很多,如混合料粒度变细,水分过高或过低,返矿数量减少及质量变坏,混合料成球性差,点火煤气不足,漏风损失增大等,就需要降低机速,延长点火时间,来保证烧结矿在预定终点烧好。在实际生产操作中,机速一般控制在 1.5~4m/min 为宜。为了稳定烧结操作,要求调整间隔时间不能低于 10min,每次机速调整的范围不能高于 ±0.5m/min。

2.3.12 烧结终点判断与控制

控制烧结终点,就是控制烧结过程全部完成时台车所处的位置。准确控制终点风箱位置,是充分利用烧结机有效面积,确保优质高产和冷却效率的重要条件。如果烧结终点提前,这时烧结面积未得到充分利用,同时风大量从烧结机后部通过,会破坏抽风制度,降低烧结矿产量。

而烧结终点滞后时,必然造成生料增多,返矿量增加,成品率降低,此外没烧完的燃料进入冷却机,还会继续燃烧,损坏设备,降低冷却效率。一般中小型烧结机的终点控制在倒数第二个风箱,大型烧结机的终点控制在倒数第三个风箱(机上冷却时例外)。这样既可以充分利用烧结机的有效抽风面积,又为终点滞后留有烧透的余地。

烧结终点可根据以下情况判断:

(1) 机尾末端三个风箱及总管的废气温度、负压水平。当终点正常时,上述参数稳定在一个正常波动范围内。一般,总管废气温度控制在 110~150℃。三个风箱的废气温度、负压则有明显特征:在终点处,废气温度最高,一般可达 300~400℃,前后相邻风箱的废气温度要低 20~40℃,如 75m² 烧结机 13 号及 15 号风箱温度较 14 号风箱低 20~40℃,则 14 号风箱位置为烧结终点。因为终点前,通过料层的高温废气将热量传给冷料使废气温度下降到接近于冷料温度的水平,直到燃烧层接近炉箅时,废气温度才急剧上升,而燃料燃烧完毕后,废气温度又立即下降。负压则由前向后逐步下降,与前一个风箱比依次低 1000Pa 左右。这是由于终点前的风箱上,料层还未烧透,而终点后的风箱上,烧结矿已处于冷却状态了。所以,若总管废气温度降低,负压升高,倒数 2 号、3 号风箱废气温度降低,最后一个风箱温度升高,三个风箱废气负压均升高,则表示终点延后;反之,总管温度升高,负压下降,倒数 2 号、1 号风箱废气温度下降,三个风箱的负压都下降,表示终点提前。

(2) 从机尾矿层断面看,终点正常时,燃烧层已抵达铺底料,无火苗冒出,上面黑色和红色矿层各占 2/3 和 1/3 左右。终点提前时,黑色层变厚,红矿层变薄;终点延后,则相反,且红层下缘冒火苗,还有未烧透的生料。

(3) 从成品和返矿的残碳看,终点正常时,两者残碳都低而稳定;终点延后,则残碳升高,以至超出规定指标。

发现终点变化时,应及时调节纠正,尽快恢复正常。其方法是:当混合料透气性变化不太大时,以稳定料层厚度、调节机速来控制终点:若发现终点提前,应加快机速;若终点滞后,则减慢机速。但若透气性发生很大变化,仅靠调节机速难以控制终点,且影响烧结料正常点火时,则应调整料层厚度,再注意机速的适应,以正确控制终点。

任务 2.4 强化烧结

为了满足高炉冶炼对精料日益增长的要求,烧结生产必须不断提高其产量和质量,降低能耗及生产成本,改善烧结技术经济指标,从而为高炉生产提供数量充足、强度高、粉末少、粒度均匀、还原性好和成分稳定的烧结矿。

烧结生产受着原燃料特性、烧结工艺参数、设备状况及操作条件等多种因素的影响,应通过精心备料,强化混合制粒,优化烧结工艺参数,提高操作条件和水平,采用新技术、新工艺,强化烧结生产。

2.4.1 加强烧结料原料准备,改善料层透气性

通过改善烧结料层透气性,可以在不增大抽风机能力和电耗的条件下,增加烧结风量,提高垂直烧结速度,改善料层烧结的均匀性,从而提高烧结生产率和烧结矿的机械强度。

烧结料层的透气性取决于烧结料的原始透气性和烧结过程中的料层透气性。两者均受料层孔隙度的影响,也与气流性质有关。因此,改善料层透气性主要是从加强烧结混合料准备入手,并搞好烧结操作。

2.4.1.1 改进原料粒度和粒度组成

较粗的原料颗粒间有较大的孔隙度,气流易于通过,加之其比表面积小,可减少气流的摩擦阻力,改善料层透气性。图2-40示出了不同粒度的矿石层中透气性的变化。随矿粒增大,透气性显著改善。因此,在采用细精矿烧结时,配加部分富矿粉或添加适量的、具有一定粒度组成的返矿是很有利的,如图2-41所示。当细精矿中矿粉加入量为10%时,料层透气性从$0.77m^3/(m^2 \cdot min)$提高到$0.99m^3/(m^2 \cdot min)$,相应烧结生产率提高4%~5%;当矿粉加入量增加到20%时,料层透气性则提高到$1.25m^3/(m^2 \cdot min)$,相应的烧结生产率提高17%~18%。可见,组织烧结生产时,在可能的条件下提高矿粉粒度和粗细原料适当搭配使用是有好处的。但实际生产中0~8mm的矿粉并不多,而且也不是各厂都有,所以,提高矿粉粒度的可能性是有限的。

2.4.1.2 强化混料作业提高制粒效果

实验研究和生产实践表明,在以细精矿为主的烧结条件下,烧结料的适宜粒度组成是:0~3mm粒级的含量应小于15%,3~5mm粒级含量为40%~50%,5~10mm粒级的含量小于30%,大于10mm粒级的含量不得超过10%。应尽量减少0~3mm的粉末,增加3~10mm粒级,尤其是3~5mm粒级的含量,使烧结料在减少粉末的基础上粒度更趋均

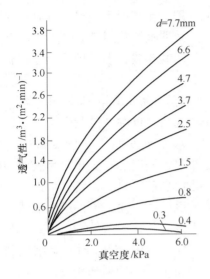
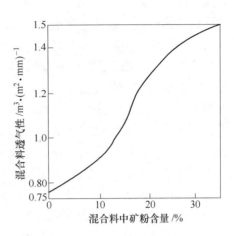

图 2-40　不同粒度矿石层的透气性　　　图 2-41　粉矿添加量对料层透气性的影响

匀。大量研究表明，粒度越均匀，料粒间的孔隙率越接近于理论上的最大值，透气性越好，抽过烧结料层的风量增加，垂直烧结速度加快；反之，混合料粒度组成越不均匀，孔隙度就越小，透气性越差，效果则相反。图 2-42 表示混合料中 0～3mm 粒级含量对烧结生产指标的影响。

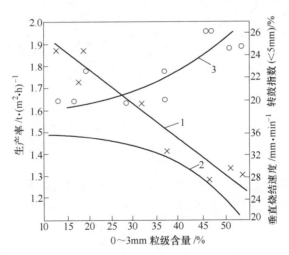

图 2-42　混合料中 0～3mm 粒级含量对烧结生产指标的影响
1—生产率；2—垂直烧结速度；3—转鼓指数

烧结料通过混合制粒，主要目的是要减少混合料中小于 3mm 的粉末和增加 3～5m 粒级的含量。提高烧结料的制粒效果，除要严格控制好混合制粒水分、完善制粒工艺及设备参数、保证足够的混合时间外，还可采用以下措施来强化制粒：

（1）添加黏结剂或添加剂。在细精矿烧结时，添加适量的黏结剂，如消石灰、生石灰、膨润土及某些有机黏结剂等，能大大改善烧结料的成球性能，既可加快造球速度，又能提高干球、湿球的强度与热稳定性。这些黏结剂粒度细,比表面大,亲水性好,黏结性强。目前,烧结厂较为普遍采用生石灰做黏结剂。生石灰遇水消化为消石灰 $Ca(OH)_2$ 后,不仅能形成胶体溶液,而且还有凝聚作用,使细粒物料向其靠拢,形成球核,在混合中经反复滚动压密,球粒不断长大并具有一定的强度。

另外,生石灰消化生成的 $Ca(OH)_2$ 胶体颗粒或添加消石灰带入的 $Ca(OH)_2$ 颗粒,在烧结过程中能吸附和持有料层中冷凝的水分,从而避免烧结料过湿,以及由于过湿可能引起的球粒破坏;在干燥层中,因 $Ca(OH)_2$ 的作用,水分蒸发的剧烈程度减弱,加之 $Ca(OH)_2$ 失去水分体积收缩,使球粒内的物料颗粒更紧密,强度反而更高,克服单纯矿粉成球后失去水分而产生爆裂的弱点。此外,生石灰消化放热可预热混合料。所以,生石灰或消石灰的适量添加,不仅强化制粒过程,使混合料的原始透气性改善,还使烧结过程中的料层透气性得到改善,成为强化烧结过程很有效的手段。

鞍钢工业试验表明,1t 烧结矿的生石灰或消石灰用量为 40~50kg 时,烧结机利用系数提高 30%~35%,生产成本较全部使用石灰石时有所降低;继续增加用量,产量提高不显著,而成本却有所增加;在相同碱度(1.2)条件下,使用适量的生石灰或消石灰时,对烧结矿质量影响不大,但在操作上混合料的水分和碳含量需做适当改变,且需增厚料层和压料。试验还表明,生产熔剂性烧结矿时,除用石灰石外,另配加生石灰和消石灰(各 3%~5%),可取得最佳的生产效果,见表 2-29。这也是我国强化细精矿烧结的成功经验。

表 2-29 鞍钢烧结厂用消石灰、生石灰代替石灰石烧结产量的影响

熔剂配比/%			烧结机产量	
生石灰	消石灰	石灰石	t/(台·h)	%
—	—	21.51	89.96	100.0
2.87	—	16.33	114.7	127.7
3.77	—	15.67	118.9	132.2
4.77	—	14.06	121.7	135.3
5.74	—	12.91	119.5	132.8
6.60	—	11.75	119.2	132.4
8.70	—	8.19	120.7	134.3
14.45	—	—	119.5	132.8
—	2.714	19.63	113.1	125.7
—	4.55	17.27	119.7	132.7
—	6.31	16.71	117.2	130.0
—	8.20	14.45	116.1	129.0
—	9.94	12.80	114.7	127.4
—	11.67	11.60	113.7	126.4
3.28	—	17.03	122.2	135.8
4.28	2.81	14.36	125.37	139.4
3.25	4.66	12.65	128.07	142.3
3.27	6.54	10.89	127.80	142.0
3.26	8.37	9.31	124.90	138.7
4.73	4.73	10.00	128.80	143.2
6.67	4.77	7.33	122.4	136.0

注:试验在较长时间(1.5月)内完成,设备因素未加考虑。

必须指出，尽管根据原料性质的不同，添加生石灰或消石灰对烧结过程是有利的，但添加必须适量。因为用量过多除不经济外，还会使物料过分疏松，混合料堆密度降低，料球强度反而变坏。另外，使用生石灰时，加水要适当，一般1kg生石灰加水0.7~0.8kg，并尽量使生石灰在烧结点火前充分消化，为此其粒度上限不应超过5mm，最好小于3mm，做到生石灰颗粒一般在一次混合机内松散开来，绝大部分得到完全消化。否则，混合料中残留一部分未消化的生石灰颗粒，不仅起不到制粒黏结剂作用，而且在烧结过程中吸水消化产生较大的体积膨胀，使料球破坏，反而使料层透气性变坏。

（2）采用磁化水润湿混合料。研究指出，采用预先磁化处理的水制粒，有利于混合料成球，见表2-30。可以看出，加入预先磁化水制粒可使混合料的透气性提高10%，相对缩短了造球机中必须停留的时间。

表2-30　磁化水对混合料成球效果的影响

润湿水性质	制粒料粒级含量/%		料层透气性/$m^3 \cdot (m^2 \cdot min)^{-1}$
	>5mm	<1.6mm	
未经处理工业水	31.0	26.0	70.0
	26.4	28.0	69.0
	35.5	28.6	70.0
磁化工业水	49.8	28.7	77.0
	38.1	28.6	78.0
	40.0	28.0	77.0

当水经过适当强度的磁场磁化处理后，其黏度减小，表面张力下降，有利于混合料的润湿和成球。在此条件下，加于物料中的水分子能够迅速地分散并附着在物料颗粒表面，表现出良好的润湿性能，在机械外力的作用下，被水分子包围的颗粒或与未被水分子润湿的干颗粒之间的距离缩小，使水分子的氢键把它们紧紧地连接在一起，强化造球。试验室采用针管滴水法成球测试磁化水对铁精矿成球质量和成球强度的影响，结果列于表2-31。采用磁化水使磁铁精矿粉成球质量增加11.22%，抗压强度提高68.99%。赤铁矿成球质量增加5.72%，抗压强度提高24.20%，效果显著。

表2-31　磁化水对球质量和成球强度的影响

试验条件/T	邯郸磁铁精矿		海南赤铁精矿	
	单球质量/g	单球抗压强度/N	单球质量/g	单球抗压强度/N
$B=0$ 普通自来水	9.09	0.287	7.69	0.376
$B=0.03$ 磁化水	9.28	0.357	7.07	0.433
$B=0.06$ 磁化水	10.11	0.485	8.13	0.467
$B=0.07$ 磁化水	9.18	0.326	7.18	0.455

武钢第三烧结车间在一、二次混合机的加水管上分别安装磁化器，经工业试验测定，一次、二次混合添加磁化水后，混合料成球率分别提高6.83%和13.18%，烧结料透气性提高6.72%；烧结机生产率增长4.7%。该技术已在攀钢、杭钢等烧结、球团厂推广应用。

此外，在一次混合机内壁安装扬料板或可更换的叶片，可提高混匀效果。武钢在二次混合机2/3的长度上安装20mm×50mm的菱形格网，对制粒也起一定作用。

2.4.1.3 提高混合料温度

提高混合料温度，使之达到或接近露点温度，可以消除或减轻过湿层的不利影响，改善料层透气性，增加产量。将不同粒度混合料预热到60～75℃，增产幅度如表2-32所示。混合料粒度越细，预热后增产效果越显著。

表2-32 不同粒对混合料预热效果

混合料粒度/mm	0～10	0～6	0～3	0～1	0～0.5
增产效果/%	27.3	37.5	43.0	65.0	81.0

但是对于混合料预热温度界限，尚存在不同看法：鞍钢、本钢、武钢烧结试验和生产表明，料温预热到70～75℃，增产是明显的，高于此值，产量不再增加，甚至降低；而首钢的经验是料温达到80℃时，仍能提高垂直烧结速度，增加产量。因此对预热的温度界限问题还需进一步研究。

现在烧结厂提高混合料温度的主要方法有以下几种：

(1) 返矿预热。在混合料中加入热返矿，能有效提高混合料温度。据测定热返矿的温度通常在500～600℃左右，在1～2mm内，能将混合料加热到55～65℃或更高，可基本消除过湿现象。表2-33为一些烧结厂返矿预热的效果。

表2-33 热返矿预热混合料的效果

厂　名	返矿率/%	返矿加水点	二次混合料水分/%	二次混合料温度/℃
首钢烧结厂①	19.12	进一次混合的漏斗	6.4	76
鞍钢三烧	25.00	返矿通廊	8.9	55
鞍钢东烧	19.49	返矿通廊	8.4	55

① 在二次混合机内用了蒸汽预热，故温度较高。

使用返矿预热简单有效，不需外加热源，又合理利用了热能，预热效果是几种方法中最好的，而且省去了热返矿的冷却装置，我国已广泛采用。但应注意控制数量稳定，否则容易使混合料温度、粒度、水分和固定碳含量波动。烧结作业不正常时，返矿质量、数量往往发生大的波动。此外，劳动环境差，返矿皮带事故多。

(2) 生石灰预热。在烧结料中配加生石灰，不仅有利于物料成球、提高料球强度和热稳定性，还能提高料温。一般配料时加入4%～5%的生石灰，在加水混合时，CaO消化成$Ca(OH)_2$放出大量热量，若消化热能被完全利用，理论上可提高料温40～50℃，扣除多加消化水和散热损失的影响，实际可提高料温10～15℃。鞍钢实践证明，在采用热返矿预热条件下，配入2.87%的生石灰，混合料料温由51℃提高到59℃，平均每增加1%的生石灰，料温可提高2.7℃。

(3) 蒸汽预热。在二次混合机内通入蒸汽来预热混合料，是加热混合料的另一个有效的方法。生产实践表明，蒸汽预热效果随蒸汽压力增加而提高。当蒸汽压力为0.3～0.4MPa，1t烧结矿蒸汽消耗量为20～40kg时，料温可提高10～15℃，烧结矿产量可提高

10%~20%。

利用蒸汽预热的优点是既能提高料温，又能进行混合料润湿和水分控制，保持混合料的水分稳定。由于预热是在二次混合机内进行，预热后的混合料即进入烧结机中烧结，因此热量的损失较小。但其主要缺点是蒸汽热能的利用率低，一般仅35%~50%，单独使用不经济，与其他方法配合使用较为合理。

蒸汽预热的另一问题是蒸汽的供应，为了解决蒸汽的热源和降低烧结矿成本，可利用烧结生产中的废热生产过热蒸汽。许多烧结厂在点火器后架设"土锅炉"或水管，利用余热产生蒸汽预热混合料，既经济又简便，效果较好。

(4) 热空气或热废气预热。鞍钢试验室曾用压力为2940Pa，温度为150~200℃的热空气自下而上吹入料层，经过1min，下部料层温度提高到60℃，基本上消除了过湿层的影响，因此烧结速度加快。在使用细精矿的条件下，这种方法与常温混合料相比，垂直烧结速度加快20%。国外有的烧结厂利用热烧结矿的热废气预热，将250~300℃废气从箅条下自下而上吹入料层，1min后下部料层温度可升到60℃，并因热风向上吹松了料层，改善了透气性，因此产量提高了25%~30%。

2.4.1.4 改善烧结布料

进一步改进布料技术，使其满足布料的填充密度及料层结构的合理性、稳定性和化学成分的均匀性。在以往采用反射板、辊式布料器产生自然偏析基础上，国外又开发出新的布料装置，如日本新日铁公司采用的两套装置：一是条筛和溜槽布料装置，条筛上的棒条横跨烧结机整个宽度，混合料的粗粒从棒条上通过，然后落向箅条，从而形成上细下粗的偏析；另一种是格筛式布料装置(ISF)，筛棒自起点成三层散开，棒间距离逐渐增大，每条筛棒各自做旋转运动，以防止物料堆积在筛面上，这种情况首先是较大粗颗粒落在箅条上，随后布料的粒度越来越小。此外还有电振动布料器、磁性圆辊布料机等。攀钢引进ISF布料装置后，布料效果大为改善。

厚料层烧结时，为改善料层透气性，国内外一些烧结厂采用松料器或料面耙沟的烧结工艺。松料方法比较普遍的是在反射板下边，在料中部的位置沿水平方向安装一排或多排直径30~40mm钢管，称为"透气棒"，相邻钢管间距150~200mm。布料时，混合料将钢管埋上，当台车离开布料器时，钢管渐渐退出，原来所占的空间被腾空，料层形成一排排透气孔带，料层透气性改善。松料器的效果见表2-34。

表2-34 加松料器的效果

精矿配比/%	点火温度/℃	总管负压/kPa	机速/m·min^{-1}	料层厚度/mm	返矿配比/%	松料器用否
73.00	924	9.05	1.53	300	22	用
100.00	938	9.31	1.38	300	25	用
53.40	960	10.14	1.26	270	37	不用
100.00	932	10.26	1.29	270	61	不用

料面耙沟是20世纪60年代国外提出的。其工艺是在点火器前借助齿轮，或周期性地将耙齿插入混合料中，在已布料的料面上造成垂直孔道（即沟槽），如图2-43所示。如果料面耙沟的数量、深度和宽度选择适当，整个料层的透气性就会得到改善。

此外，点火时形成复杂的烧结带，其总面积大大超过通常烧结时燃烧带的面积，如图 2-44 所示。燃烧带不仅向下运动，还向两侧发展，从而加速碳的燃烧，提高烧结机的生产率。此工艺的采用，能大大提高料层高度。如前联邦德国在 $210m^2$ 烧结机上，用犁在台车料面上开出深 15mm 的纵沟，使烧结混合料层高度从 320mm 提高到 450mm，烧结机生产率增加 20%，而且不会使烧结矿质量变坏。目前，此工艺仍在不断试验和改进中。

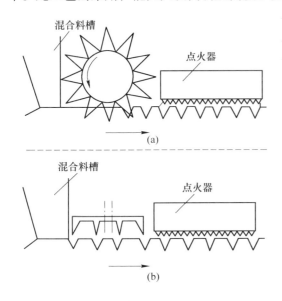

图 2-43 料面耙沟槽示意图
(a) 借助齿轮机构；(b) 借助向下运动的耙

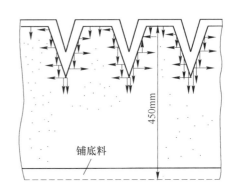

图 2-44 有浅沟-通气孔的料层烧结时燃烧带运动示意图
（箭头表示垂直及水平烧结速度的方向）

2.4.2 采用大风量、高负压烧结，并减少漏风损失，增大有效风量

生产中，通常所说的烧结风量，是指抽风机进口工作状态的风量。在正常操作条件下，抽风机的实际抽风量都接近其额定风量。因此，在工程上烧结风量用抽风机额定风量与有效抽风面积的比值表示，单位是 $m^3/(m^2 \cdot min)$。

根据理论分析，在其他烧结条件一定时，烧结机产量与垂直烧结速度成正比，而通过料层的风量越大，烧结速度越快。所以，增大烧结风量是提高其产量的基本途径，这已为生产实践所证实。表 2-35 列出了首钢烧结厂研究的风量对烧结指标影响的结果。

表 2-35 风量与各项烧结生产指标的关系

序号	真空度/kPa	风量		垂直烧结速度		成品率/%	单位生产率		转鼓指数 (>5mm)/%
		$m^3/(m^2 \cdot min)$	%	mm/min	%		$t/(m^2 \cdot h)$	%	
1	6.0	70	100	23.4	100	74.4	1.34	100	81.1
2	6.5	75	107	23.2	99	73.7	1.38	103	81.6
3	7.1	78	112	27.1	116	74.5	1.51	112	81.9
4	8.6	87	124	29.3	125	75.5	1.68	125	81.5
5	10.15	95	136	29.2	125	71.0	1.62	121	81.2
6	11.0	100	143	28.2	120	76.0	1.72	128	81.4
7	12.0	105	150	35.2	136	73.5	1.86	139	82.0
8	12.8	109	156	33.7	144	71.1	1.84	137	79.9

垂直烧结速度和产量与通过料层的风量几乎成正比关系，只是产量增长率比风量增长率要小些。这是由于相同质量的空气在不同抽风负压下体积不同，随抽风负压增高，质量风量增长比体积量风量增长要小所致。

必须重视抽风负压。为了强化烧结过程，料层厚度不断增加，要克服厚料层的较大阻力，应有较高的抽风负压；否则，风量必然减少。为此，设计烧结机时，要选配风量和负压都较高的抽风机。

烧结风量因原料性质、操作及设备条件的不同而异。根据理论计算和生产实践，1t 烧结矿风量波动在 2200~3000m^3，平均 1t 烧结矿需要风量约为 3200m^3，而按单位烧结面积风量来计算为 70~90$m^3/(m^2·min)$。考虑到细精矿层透气性差和不断强化的需要，目前新设计烧结机的风量普遍采用 90~100$m^3/(m^2·min)$。抽风机负压，国外多为 15~18kPa；国内较低，过去一般为 10~12kPa，现在大型烧结机已达 14~19kPa。

必须指出，烧结风量和负压并非越高越好。根据首钢试验：垂直烧结速度、抽风负压和单位烧结矿的电耗分别与单位烧结面积风量的 0.9、1.8 和 1.9 次方成正比。增大抽风负压可提高通过料层的风量，因而能提高垂直烧结速度，增加烧结机产量，但同时抽风电耗增加，而且增产的幅度小于风量增长，风量增长小于负压增长，负压增长又小于电耗增长的幅度，见表 2-36。所以，在一定的原料和操作制度下，过分增加风量和负压必然使电耗大幅度增加，这是不经济的。并且，当垂直烧结速度增大到一定程度后再继续增加风量，烧结矿强度有一定程度的下降；此外，在料层透气性一定的情况下，随抽风机负压提高，烧结机漏风损失增大，造成浪费。例如，某厂抽风负压从 10~11kPa 提高到 12~13kPa，烧结机的有害漏风率从 60%~70% 增加到 80%~85%。

表 2-36 抽风负压与烧结生产指标的关系

序 号	抽风机负压		单位生产率		单位烧结矿电耗		转鼓指数/%
	kPa	%	t/(m²·h)	%	kW·h/t	%	
1	6	100	1.21	100	3.4	100	15.6
2	10	167	1.57	130	15.5	185	15.6
3	15	250	1.97	163	23.2	276	17.5

在改善料层透气性和增大抽风机能力的同时，应尽力减少烧结机的漏风损失，增加有效抽风量，是强化烧结过程经济有效的措施。在烧结中只有通过料层的风量才是有效的，凡是未通过料层的风量统称为有害风量，总的有害风量占抽风机吸风量的百分率称为烧结机的漏风率。根据实际测定，目前我国烧结机的漏风率为 40%~60%，个别高达 70% 以上，烧结机的漏风情况很严重。因此，尽管许多烧结厂增大了抽风机的能力，但实际抽风的有效风量仍然很少。这不仅严重地浪费电力，而且也影响烧结矿的产量和质量。烧结机抽风系统漏风主要是设备和生产操作缺陷造成的，其中主要有：长期在高温下工作的台车发生变形和磨损，风箱密封装置磨损、弹性消退，机头、机尾处的风箱隔板与台车底部间隙增大；台车滑板与风箱滑板间密封不严；相邻台车之间接触缝隙增大；台车上布料不好或箅条脱落，出现空洞，集尘管放灰制度不合理；抽风系统管道穿漏等。据测定，风箱的漏风是主要的，约占漏风率的 90%，风箱至抽风机前只有 10% 左右。

减小漏风的途径是：不断改善台车、箅条的材质；改进台车、首尾风箱隔板、弹性滑道的结构,以及加强对设备的检查、维护;精心操作,发现异常漏风及时处理。目前,国外有的(如日本)已将此值降到20%~30%,个别的不到20%。

2.4.3 采用厚料层烧结

厚料层烧结是20世纪70年代发展起来的一项技术措施。我国从70年代开始进行厚料层烧结试验,80年代初迅速推广普及。日本及前苏联等国家烧结料层厚度一般为400~600mm,个别达到700mm;国内重点钢铁企业已从70年代的300mm以下提高到300~400mm以上。目前,宝钢、首钢、鞍钢新烧等一些企业年平均料层厚度已超过500mm,其中,宝钢、柳钢、济钢等超过600mm。

厚料层烧结的主要意义是:提高烧结矿强度;降低FeO含量,改善其还原性;节省固体燃料,减少总热量消耗。

无论何种原料条件,采用厚料层烧结都可收到上述效果。这是由于:

(1) 随料层增厚,不仅表层强度差的烧结矿所占比例减小,而且在保持垂直烧结速度不变的情况下,因机速减慢而使点火时间和高温保持时间延长,表层供热充足,冷却强度降低,表层烧结矿强度改善,又有利于促进整个烧结过程热交换。

(2) 料层增厚,点火热量增加,特别是烧结矿层的"自动蓄热作用"得到充分发挥,使烧结料的配碳量减少,料层中氧化性气氛加强,有利于Fe_3O_4的氧化和$CaO \cdot Fe_2O_3$黏结相的生成;料层温度更趋均匀,避免了下层温度过高而引起的过熔现象,烧结矿结构改善,还原性提高。

(3) 节省固体燃料和总热耗,是"自动蓄热作用"随料层变厚而加强的结果。有资料表明,当燃料层处于料面以下180~220mm时,蓄热量仅占燃烧层总热收入的35%~45%,而距料面400mm的位置,此值增大到55%~60%。此外,由于燃料用量减少,碳燃烧更加完全,料层氧化性气氛加强,促成磁铁矿的氧化和低熔点铁酸钙的形成,也有利于固体燃料和总热耗量的减少。

但是,随着料层增厚,料层阻力增大,水分冷凝现象加剧。因此,为减少过湿层的影响,厚料层烧结应预热混合料,同时稳定混合料水分和碳含量,采用低碳低水操作。

2.4.4 其他新工艺新技术的采用

2.4.4.1 热风烧结

所谓热风烧结,是在烧结机前段约占烧结机长度1/3的有效烧结面积上,将热废气或热空气抽入烧结料层,用其物理热代替部分固体燃料的烧结方法。热废气温度可高达600~900℃,也有使用200~300℃的低温热风烧结。此种方法对于提高烧结矿的强度和还原性非常有效。

在烧结生产中由于布料偏析,料层下部燃料富集,而上部燃料不足。随着燃料带下移,自动蓄热作用加强,进入燃料带的气体温度高,使料层下部热量过剩,温度较高,产生过熔,形成薄壁大孔结构;而料层上部热量不足,温度偏低,烧结不好,同时,从上部抽入冷风,表层急剧冷却,使烧结矿液相来不及结晶,形成大量玻璃质,并产生较大的内应力和裂纹,使得表层烧结矿的强度变差。热风烧结以热风的物理热代替部分固体燃料,并主要对上层烧结料起作用,弥补了普通烧结时上层热量不足的状况,使料层上下热量和温度分布趋向均匀,烧结矿质量均匀。同时,由于上层烧结矿受高温作用时间较长,大大减轻了因急冷造成的表层强度降低。热风烧结还能显著改善烧结矿的还原性,这是由于配料中固体燃料用量减少,影响了烧结气氛,使还原区相对减少,烧结矿中 FeO 含量降低,改善了烧结矿的还原性。又因燃料分布均匀程度高,有利于形成许多分散均匀的小气孔和提高烧结矿的气孔率。

在采用热风烧结时,可以通过烧结热工制度的调节来控制烧结矿的强度和还原性。如用热风物理热代替部分固体燃料,而总热耗减少不多或保持不变,则热风烧结的主要作用是提高烧结矿强度,此时还原性变化不大;当高温热气流代替较多的固体燃料,总热耗又有一定的减少时,可以在基本保证强度不变的情况下,较多地降低 FeO 含量,从而显著地改善烧结矿的还原性。热风烧结便于根据需要做灵活调节,更好地控制烧结矿的质量。例如,由于混合料配碳量波动等原因烧结不好时,可临时调节热风温度,使烧结正常进行。

热风烧结对强化烧结生产,特别是对高碱度烧结和改善表层烧结矿强度有明显效果。首钢烧结厂在点火器后第三风箱使用 500~600℃ 的热风进行烧结,燃料消耗降低了 25.7%,烧结矿中小于 5mm 的粉末减少了 1/3。国外某厂采用燃烧高炉煤气预热空气到 840℃,产量提高了 36.4%,返矿率由 35%~40% 降低到 20% 左右。Fe_2O_3/FeO 的比值由 1~3 增加到 3.5~4,固体燃料减少了 25%。

通常热风烧结可以节约固体燃料 10%~30%,当超过此值时,烧结矿强度显著变坏。因为热风带入的外部热量主要用来加热上部料层,而烧结料中的固体燃料的热量却可以加热整个料层。因此,在热风带入热量很大和固体燃料节约很多的情况下,下部料层燃料温度可能降低,使烧结矿的强度变差。

东北大学、本钢钢研所对热风烧结进行了实验室研究。实验结果表明:

(1) 热风烧结可以降低固体燃料消耗,其效率随温度提高而降低,考虑到热风的来源和输送及综合效果,以风温为 200~300℃ 为宜。

(2) 热风烧结使料层温度分布均匀,提高了烧结矿的强度和还原性,并大幅度地降低烧结矿的含硫量,对高硫原料的烧结更适宜。

(3) 以 200℃ 热风进行热风烧结可减少固体燃料 10%~15%,并可获得冶金性能合格的烧结矿。

(4) 延长送热风时间可以进一步降低固体燃耗,适宜的送热风时间以占整个烧结时间的 1/3 为宜。

热风来源是热风烧结生产的关键。利用烧结工艺本身的余热可获得热风。余热利用的方法很多,其中冷却机余热利用较易实现。冷却机高温段的冷却空气一般为 250~350℃,最高可达 370℃,把这部分空气用来烧结,其温度完全可达到 200~300℃,从而提高烧结过程的热利用率,又不需另建加热装置,这是热风烧结发展的方向。鞍钢新烧 2 台 265m^2 烧结机,采用鼓风环冷机二段的热废气进行烧结,经掺入冷风调整与稳定后的热废气温度约 252.5℃,热风用量为 219.4km^3/h。工业试验表明,在保证烧结矿强度、返矿率基本不变的情况下,矿石 FeO 含量降低 1.2%,还原度提高 3.0%。

根据热风产生的方法不同,热风烧结可分为热废气、热空气和富氧热风烧结三种。

(1) 热废气烧结。热废气烧结是利用气体或液体燃烧的高温废气与空气混合形成的热气流进行烧结。在热风烧结中，由于热风温度高、密度小，因此增加了抽风负荷，降低了垂直烧结速度。另外，随热废气温度升高，其氧含量不断下降，也会降低烧结速度。需要采取相应的补偿措施，如改善混合料透气性，适当增加真空度等以保持较高的生产率。

（2）热空气烧结。把冷空气通过热风炉或其他换热器加热到一定温度，然后用于烧结。这种热风烧结不仅能够获得热废气烧结的效果，而且克服了热废气中氧量小的缺点，但是要建造庞大而复杂的热风炉。

（3）富氧热风烧结。富氧热风烧结是往热废气或热空气中加入一定数量的氧气，然后用于烧结。它不仅具有热废气烧结明显改善烧结矿质量的优点，而且由于热风含氧浓度高，加快了垂直烧结速度，提高产量。一般情况下，富氧热风氧浓度不超过25%，垂直烧结速度比热废气烧结提高10%~15%，并且烧结矿强度好，还原性也比其他热风烧结好。攀钢烧结厂曾进行富氧烧结试验证实富氧烧结可以增产，每富氧1%，可增产8.45%，但烧结矿的强度稍有降低。推荐点火富氧3%，配碳5%的工艺条件可增产25.35%，氧气单耗为3.75m³/t，1台130m²烧结机年经济效益为94.4万元。

2.4.4.2 低温烧结

低温烧结是指控制烧结最高温度不超过1300℃，通常在1250~1280℃范围内，适当增宽高温带，确保生成足够的黏结相的一种烧结新工艺。其实质是在较低温度下生产以强度好、还原性高的针状铁酸钙为主要黏结相，同时使烧结矿中含有较高比例的还原性好的残留原矿——赤铁矿的一种方法。与普通熔融型（烧结温度大于1300℃）烧结矿相比，低温烧结矿具有强度高、还原性好、低温还原粉化率低等特点，是一种优质的高炉原料。

实现低温烧结生产的主要工艺措施有：

（1）原燃料粒度要细，化学成分稳定。要求富矿粉粒度小于6mm；石灰石小于3mm的大于90%；焦粉小于3mm的大于85%，其中小于0.125mm的小于20%。

（2）强化混合料制粒，采用低水低碳厚料层（大于400mm）操作工艺。

（3）生产高碱度烧结矿，碱度以1.8~2.0较为适宜；SiO_2含量不小于4.0%，$w(Al_2O_3)/w(SiO_2)=0.1~0.35$，尽可能降低混合料中FeO的含量。

（4）尽量提高优质赤铁富矿粉的配比。

（5）适当降低点火温度和垂直烧结速度。

目前，日本和澳大利亚等国已将此技术用于工业生产，效果显著。1983年日本和歌山烧结厂在109m²烧结机上进行低温烧结，烧结矿FeO从4.19%降至3.14%，焦粉消耗从45.2kg/t减至43.0kg/t，JIS还原性从65.9%增加至70.9%，低温还原粉化率从37.6%降至34.6%；高炉使用低温烧结矿后，焦比降低7kg/t，生铁含Si从0.58%降至0.30%，炉况顺行，炉温稳定。

在国外，低温烧结法都是采用赤铁矿粉，而我国大都是细磨的磁铁精矿。因此在我国开发低温烧结技术不同于国外。我国采用往磁铁精矿中配加优质赤铁富矿粉的方法，成功地掌握了铁精矿低温烧结的工艺及其特性。1987年天津铁厂在4台50m²烧结机上，进行配加16%~20%澳大利亚矿粉的低温烧结工业性试验。结果1t烧结矿的固体燃料消耗下降了3~7kg，FeO从10.5%降至8.2%；在550m³的高炉上进行冶炼试验表明，焦比下降8~14kg/t，产量增加4%~9%。唐钢在2台24m²烧结机上进行低温烧结生产，固体燃料消耗下降了 6kg/t，FeO 降低 2%，高炉焦比降低 20kg/t。

2.4.4.3 小球烧结与球团烧结法

采用圆盘或圆筒造球机将混合料制成适当粒度的小球（3～8mm 或 5～10mm），然后在小球表面再滚上部分固体燃料（焦粉或煤粉），布于台车上点火烧结的方法，称为小球烧结。此法的燃料添加方式是以小球外滚煤粉为主（70%～80%），小球内部仅添加少量煤粉（20%～30%）。

小球料粒度均匀，强度好，粉末少，所以烧结料层的原始透气性及烧结过程中透气性都比普通烧结料好，阻力小，可在较低的真空度下实行厚料层烧结，产量高、质量好，能耗和成本降低；加上采用了燃料分加技术，使固体燃料分布合理，燃烧条件改善，降低了固体燃料消耗。表 2-37 和表 2-38 分别列出真空度和料层厚度对小球烧结与普通烧结生产指标的影响。一般小球烧结产量可提高 10%～50%。目前，由于造球设备效率低，影响了小球烧结的推广，但它是一种很有前途的烧结方法。

表 2-37 真空度对小球料、普通料烧结的影响

原料种类	烧结指标	真空度/Pa				
		6000	7000	8000	9000	10000
小球料	烧结速度/mm·min^{-1}	18.0	21.75	22.44	30.0	24.9
	生产率/t·(m^2·h)$^{-1}$	1.37	1.78	1.79	2.06	1.86
	最高真空度/Pa	6300	7200	—	9300	10600
普通料	烧结速度/mm·min^{-1}	—	13.32	14.94	16.47	16.89
	生产率/t·(m^2·h)$^{-1}$	—	0.99	1.08	1.14	1.29
	最高真空度/Pa	—	7100	8150	9600	10600

表 2-38 料层厚度对小球料、普通料烧结指标的影响

原料种类	烧结指标	料层厚度/mm		
		260	310	350
小球料	垂直烧结速度/mm·min^{-1}	24.0	27.3	28.0
	生产率/t·(m^2·min)$^{-1}$	1.74	2.0	2.16
普通料	垂直烧结速度/mm·min^{-1}	23.3	23.6	23.0
	生产率/t·(m^2·min)$^{-1}$	1.84	1.71	1.48

小球团烧结矿还原性、强度等冶金性能良好，可改善高炉冶炼效果。日本福山 5 号高炉（4617m^3）进行了对比试验，在高炉配搭了 55% 的小球团烧结矿后，渣量下降 20kg/t，燃料比下降 12kg/t，而且在全焦操作条件下，生铁日产量由原来的 9700t(利用系数 2.08t/(m^3·d))提高到 10300t(利用系数 2.21t/(m^3·d))，实际上 5 号高炉日产量达到 11000t 生铁。

2.4.4.4 增压烧结

增压烧结是指在抽风负压不变时，用空气压缩机提高料层上面的供气压力，相应地增

大 Δp，提高通过料层风量的烧结方法。该法最初是前苏联学者于 1966 年提出的，并在烧结盘上进行过工业试验，取得了提高垂直烧结速度的显著效果。增压烧结的烧结机如图 2-45 所示。整个设备罩在密封罩内，混合料的装入和成品矿的卸出均通过圆锥形料钟和给（排）料漏斗（或经阀门系统）来实现。

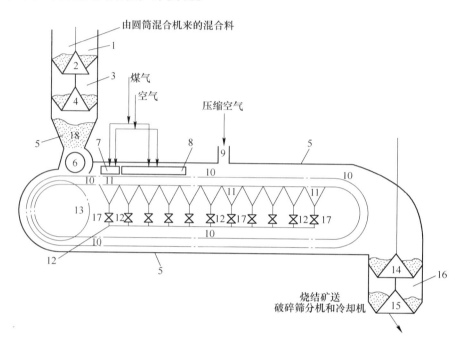

图 2-45　增压烧结的带式烧结机

1—受料斗；2，14—上料钟；3，16—料钟间空间；4，15—下料钟；5—密封罩；
6—圆筒给料机；7—点火器；8—保温炉；9—压缩空气进口；10—台车；
11—真空箱；12—集气管；13—传动星轮；17—调节蝶阀；18—混合料槽

试验研究表明，料层上面的空气压力提高 0.06MPa，烧结机的生产率增加 2 倍。但是，由于增压烧结工艺使烧结设备的操作复杂化。因此，在烧结机上应用仍然有困难，需要进一步研究改进。

2.4.4.5　双层烧结

在一般烧结时，烧结矿层沿机尾移动方向逐渐增厚，料层透气性逐渐增强，风量分布不均，风的利用率低。为了提高风的利用率，在风机容量不变的情况下增加产量，出现双层烧结。所谓双层烧结是将混合料分两次铺于烧结机上，当第一层混合料的烧结过程进行到一定程度时（料层阻力显著下降时），再铺一层料于原料层上，并进行第二次点火，这样在同一断面上有两个燃烧层同时向下移动。

马钢烧结厂 $18m^2$ 烧结机上曾进行双层烧结工业试验，第一层铺料厚 200~220mm；第二层厚 130~150mm。试验表明，与单层烧结相比，垂直烧结速度提高 23%，烧结时间缩短了 38.4%，烧结矿的强度和粒度均匀性有所改善，烧结废气中 CO_2 含量提高 6% 左右，说明空气利用率提高。此外，因空气通过上层受到预热，下层的燃烧温度较上层高 50~

80℃，下层燃料配比可低些，因此节省燃料。德国某厂采用双层烧结，两层料厚比为1：1，燃料配比下层较上层少30%，节省燃料15%。但是，双层烧结工艺复杂，设备较难布置，需要两套布料和点火设备，限制了它的扩大使用。

任务2.5　烧结节能降耗

目前我国烧结工序能耗较高，而且各企业差别很大。近年来烧结能耗尽管有所下降，但还是远高于世界先进国家的能耗水平，烧结节能的潜力很大。造成我国烧结能耗高的原因有：

（1）烧结机机型小，生产工艺不够完善，装备水平低，一些新技术和有效的节能措施难以采用。

（2）由于烧结生产能力与高炉生产能力不匹配，造成烧结生产压力大，因此只注重增加产量而忽略了能源消耗问题。

（3）我国烧结的技术水平在总体上仍和国际先进水平有差距。

烧结生产的节能降耗应包括生产工序的每一个环节，主要从以下几方面采取措施：采用厚料层烧结，降低固体燃料配比；采用新型节能点火器，节约点火煤气；加强管理维护，降低烧结机漏风率，减少抽风电耗；积极推广烧结余热利用技术，尽可能回收二次能源。

2.5.1　降低固体燃料消耗

烧结能耗以固体燃料为主，固体燃耗约占烧结生产总能耗的70%~80%。因此，降低固体燃料消耗是烧结节能降耗的重要方面。

（1）严格控制燃料粒度，适当降低燃料尺寸，改善燃料分布，保证气相中氧的浓度，可促进碳完全燃烧，提高燃料利用率，降低燃耗。

（2）烧结料层的"自动蓄热作用"随着料层高度的增加而加强，有资料表明，当燃料层处于料面以下180~220mm时，蓄热量仅占燃烧层总热收入的35%~45%，而距料面400mm的位置，此值增大到55%~60%。因此，增加料层厚度，采用厚料层烧结，充分利用烧结过程的自动蓄热，可降低固体燃料用量，减少总热量消耗。根据生产实践，料层每增加10mm，燃料消耗可降低1~3kg/t。此外，由于燃料用量减少，碳燃烧更加完全，减少了由于不完全燃烧造成的热量损失；低碳操作还使料层氧化性气氛加强，促进磁铁矿的氧化放热和低熔点铁酸钙的形成，这都有利于固体燃料用量的减少。

在风机能力允许的情况下，应尽量改善料层透气性，创造条件提高料层厚度。适当延长混合制粒时间、添加生石灰或黏结剂、采用小球团烧结和精矿预制粒等措施强化制粒；提高混合料温度；改进布料和点火工艺等，都利于改善料层透气性，增厚料层，降低燃耗。此外，对混合料进行预热，其显热可部分代替固体燃料的燃烧热，也使固体燃料消耗降低。1977年，日本新日铁用冷却废气预热混合料，焦粉消耗降低2.0kg/t。法国某工厂把热蒸汽通入混合机中，使混合料温度提高22~72℃，降低焦耗6kg/t。

（3）加强原料的混合制粒后，传统的燃料添加方式会造成矿粉深层包裹焦粒，从而妨碍燃料颗粒的燃烧。通过在一混、二混分别添加焦粉，以焦粉为核心外裹矿粉的颗粒数量及深层嵌埋于矿粉黏附层里的焦粉数量都会受到限制,而大多数燃料附着在球粒表层,甚至明显暴露于外,从而处于极有利的燃烧状态。因此,采用燃料分加可改善固体燃料的燃烧条件,有利于燃料的充分燃烧,提高燃烧效果,降低燃耗。辽宁东鞍山烧结厂采用燃料分加技术降低煤耗 15kg/t;日本釜石 170m² 烧结机采用焦粉分加后,焦粉消耗由原来的 60.0kg/t 降至 56.3kg/t。

(4) 料层的蓄热作用会使下部温度高于上部,生产实践证明,上层烧结温度一般仅有 1100~1200℃,最下层则可高达 1600℃。这会使下部烧结料发生过烧现象,既影响产品质量又浪费能量。采用偏析布料及多层配碳烧结不仅可以避免此种情况,而且可以降低固体燃耗。在一定条件下,固体燃料沿料层高度方向上产生的最低燃耗,如图 2-46 所示。在生产中虽很难达到理论值,但可以通过不断地改进完善工艺设备等措施接近理论值。

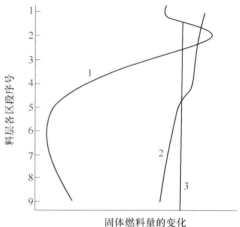

图 2-46 沿料层高度固体燃料的变化
1—理论上的最低燃料;2—生产中燃料分布;
3—燃料的均匀分布

偏析布料可使需要较多热量的大而重的颗粒进入下部料层,同时也使固体燃料在料层高度上产生偏集,弥补自动蓄热带来的不利影响,且使燃料能量得以充分利用,从而降低固体燃耗。为实现偏析布料,可采用以下措施:1) 延长反射板长度;2) 合理控制反射板角度;3) 在圆辊布料机器下增设格筛式或条筛式溜槽;4) 电振给料,以振动给料装置取代传统的圆辊布料;5) 磁辊布料,在圆辊布料器上安装磁力系统,利用磁力对重力和离心力的辅助作用,加强偏析;6) 气流偏析技术,利用气流逆向吹扫从反射板下来的料流,加强偏析;7) 其他,如阶梯形溜槽等技术。

为使燃料在料层高度上进一步偏析,曾尝试进行多层布料,将燃料含量不同的混合料分多层(上层燃料高于下层)布于台车上进行烧结。由于多层布料工艺太复杂,现在一致多采用双层配碳烧结。

(5) 在烧结料层中添加某些催化剂进行催化燃烧,使碳的燃烧性改善,料层氧势提高,从而提高燃料利用率。使用催化助燃剂可保证烧结矿质量,提高产量,节能效益显著。鞍钢的工业试验表明,在混合料中添加少量催化助燃剂,可大幅度降低固体燃料消耗(约 13%),增产 5%,并且由于配煤量减少,烧结矿品位得到提高,同时烧结矿质量得到改善;添加催化助燃剂对高炉冶炼没有影响。

2.5.2 减少烧结机漏风率,降低抽风电耗

电能消耗约占整个烧结工序能耗的 13%~20%,而绝大部分是抽风机的消耗。抽风机电耗与烧结机漏风率有直接关系。漏风率越高,总排气量就越大,从而加大了抽风机的负担,使电耗增加。同时,漏风率增加,烧结有效风量减少,生产率下降,碳粒燃烧不完全,增加了固体燃耗;除尘器负荷增加,净化效果降低,进入风机的废气含尘量升高,造成风机叶轮磨损严重;此外,工作环境恶化。因此,应尽可能减少设备漏风率。根据宝钢

条件估计：漏风率减少10%，可增产5%~6%，1t烧结矿可减少电耗2kW·h，减少焦粉1kg，减少焦炉煤气0.1m³，成品率提高1.5%~2.0%，还可减少噪声，改善环境。鞍钢三烧将烧结机漏风率从56.96%降到39.9%~40.6%后，电耗由21.9kW·h/t降至20.21kW·h/t。梅山烧结厂将漏风率由71.14%降至42.99%后，电耗降低了4.325kW·h/t。

目前，我国烧结机的漏风率一般在40%~60%，也就是说抽风机所消耗的电能约有一半是用于抽走漏入的废气，而不是为烧结提供所需的风量，做的是无用功，电能浪费很大。烧结机主要漏风部位在台车与首尾风箱（密封板）、台车与滑道、台车与台车之间，漏风占烧结机总漏风量的80%以上。因此，改善台车与滑道之间的密封形式，特别是首尾风箱端部的密封结构形式，可以显著地减少漏风，增加通过料层的有效风量，提高烧结矿产量，节约电能。另外，及时更换、维护台车，改善布料方式，减少台车拦板与混合料之间存在的边缘漏风等，都可以有效地减少漏风。日本新日铁在降低烧结机漏风率方面采取了如下措施：弹性滑道与密封板之间采用长方形橡胶密封，密封滑道壳体采用密封胶垫或橡胶棒密封，台车之间接触处采用喷涂耐磨合金粉或在易磨处装设衬板，在台车边板裂缝处涂耐热橡胶，台车两侧采用加宽盲箅条及洒水法减少烧结饼裂缝等。新日铁大分2号烧结机采用降低漏风率措施后，漏风率降低了12.5%，电耗降低71.96kW·h/t。

增大抽风负压，通过料层的风量提高，烧结机产量增加。但是，风机负压提高，生产单位烧结矿的耗电量急剧增大。因为电耗的增加同负压增加基本成一次方关系，而产量的增加同负压提高成0.4~0.5次方的关系。改善烧结料透气性，减小料层阻力损失，可在不提高风机能力的情况下，提高产量，使烧结生产的单位电耗降低。此外，在操作中，应保证抽风机在高效区运转。

2.5.3 改进点火技术，降低点火燃耗

点火燃耗约占整个烧结工序能耗的5%~10%。我国自20世纪70年代后期着手新型点火器研究，点火燃耗大幅度降低。1t烧结矿点火燃耗从70年代中期的418.7MJ，到1990年降至164MJ。目前，全国重点企业1t烧结矿的平均点火燃耗达60MJ，但与国际先进水平差距仍然较大。国外先进水平1t烧结矿点火燃耗已降至40MJ以下，日本达25~30MJ，最好的只有12.5MJ，因此这一部分的节能也十分重要。

降低烧结点火燃耗，应提高点火器热效率，采用高效低燃耗点火器；选择合理的点火参数，完善烧结点火热工制度；合理组织燃料燃烧，改善煤气的燃烧状况以及充分利用表层烧结料中的固体燃料等。

适宜的点火操作可降低点火气体燃料消耗25%~30%。

（1）点火器的负压控制。点火器内从来都是负压，若使点火器内压力控制在接近大气压力，使侵入的空气量减少，那么点火器内的燃烧废气温度和周围气氛温度都会升高，从而有效地节约点火燃料。鹿岛3号烧结机，点火器内压力控制在接近大气压-30~-35Pa的水平，焦炉煤气单耗降低0.5m³/t；武钢烧结厂工业性试验数据说明，点火负压从6884~5800Pa降至2942~2746Pa，每降低1000Pa，燃料消耗平均下降6%~12.6%。因此，在保证烧结矿产量、质量的前提下，应适当降低点火负压。

（2）点火温度及时间的控制。现在烧结料层厚度有了很大提高，表层烧结矿所占比例

已越来越小。因此近年来,很多烧结厂已普遍采用低温点火技术,在保证点火工艺的前提下降低点火温度,使点火热耗大幅度下降。点火时间要根据点火温度而定。

(3) 点火烟气中含氧量的控制。点火烟气中应有一定的含氧量,提高点火烟气中的含氧量,能较好地利用表层混合料中的固体碳。

另外,还应提高布料操作,保证料层表面的平整与均匀,这不仅对烧结矿产质量有较大影响,而且对点火燃料消耗也有明显影响。

点火器的结构、烧嘴形式对烧结料面点火质量及点火能耗影响很大。采用高效低燃耗点火器对降低烧结点火能耗有积极意义。高效低燃耗点火器的特点如下:

(1) 采用集中火焰直接点火技术,点火器长度缩短,点火强度降低,通常为 $29 \sim 58.6 MJ/(m^2 \cdot min)$。

(2) 点火风箱负压降低,避免吸入有害冷空气,沿台车宽度方向的温度分布更均匀。

(3) 使用高效率的烧嘴,缩短火焰长度,降低炉膛高度(400~500mm),点火器容积缩小,热损失减少。

目前应用广泛的节能点火器主要有双料带式点火器(采用双斜交烧嘴形成带状火焰直接点火,节能效果显著,与传统点火器相比,节能幅度在35%~58%之间)、多缝式点火器(采用多缝式烧嘴形成带状火焰直接点火,点火热效率高,点火质量好)、预热式高炉煤气点火炉等。

2.5.4 积极推广余热利用技术回收三次能源

余热是指热设备或系统排出的热量中可回收利用的那部分热量,确实不可回收利用的排热才是废热。

烧结过程正常时,从烧结机尾部风箱排出的废气温度可达300℃左右,热烧结矿在冷却机前段受空气冷却后也可产生300℃以上的热废气,这两部分热废气所含热量占整个烧结矿热能消耗的23%~28%,甚至更高,充分利用好这两部分热量将会使烧结工序能耗明显降低。图2-47为日本小仓厂3号烧结机余热回收流程示意图。

对冷却机高温段热废气进行利用的方法主要有:

(1) 将冷却机废气除尘后,输送至点火器空气管道内,作点火助燃空气,热废气带入的热量能得到充分利用,节省点火燃料。一般可节约点火燃料10%以上。

(2) 安装余热锅炉或其他余热回收装置生产蒸汽,蒸汽可通入二次混合机内预热混合料。据统计,国外烧结技术先进的烧结厂,1t烧结矿余热回收蒸汽可达80~100kg,我国梅山、昆钢、马钢等多家钢铁厂采用热管余热回收装置生产蒸汽。

(3) 在点火炉前设置预热炉,冷却机废气由鼓风机送入预热炉内,对混合料进行预热,以提高混合料温度,降低固体燃料消耗。

(4) 送入烧结机上部热风罩内,进行热风烧结。图2-48为日本室兰6号烧结机冷却机废气余热回收流程示意图。

鞍钢新烧两台265m²烧结机,采用280m²的鼓风环式冷却机冷却烧结矿。环冷机一段温度为400℃左右的热废气用于余热锅炉生产蒸汽,环冷机二段温度为250℃左右的热废气送至烧结机上方,抽入烧结料层。利用热废气的物理热可改善烧结料层的温度分布,补充上部热量的不足,减少热应力破坏,改善烧结矿的矿物结构,提高烧结矿产、质量,降

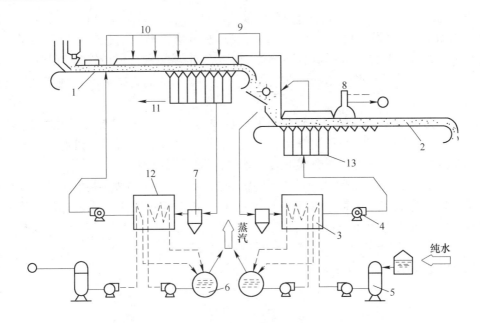

图 2-47 小仓厂 3 号机烟气余热回收流程示意图

1—烧结机；2—冷却机；3—锅炉；4—循环风机；5—脱气器；6—汽鼓；7—除尘器；
8—给水预热器；9—排矿端余热回收装置；10—主排气循环设备；11—至主排风机；
12—主排热回收设备；13—冷却机排热回收设备

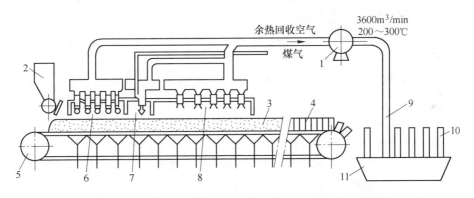

图 2-48 室兰 6 号烧结机冷却机废气余热回收流程示意图

1—鼓风机；2—给料仓；3—混合料；4—台车；5—烧结机；6—预热炉；7—点火炉；
8—保温炉；9—排热回收筒；10—排气筒；11—冷却机

低能耗，提高烧结过程热利用率。试验表明，烧结矿品位提高 0.19%；成品烧结矿的 FeO 降至 7.58%，降低了 1.2%；表层烧结矿转鼓指数提高了 3.6%；900℃ 还原度提高了 3.0%；烧结矿成品率提高了 1.42%，垂直烧结速度增加了 0.21mm/min，生产率提高了 3.79%；1t 烧结矿干焦粉消耗量减少 8.71kg。

2.5.5 烧结工艺节能

烧结工艺节能在某种程度上是综合利用以上各种节能措施而达到节能目的。

(1) 低温烧结。低温烧结技术通过控制原料中 $w(CaO)/w(SiO_2)$ 及 $w(Al_2O_3)/w(SiO_2)$ 的比值，通过强化制粒以使混合料形成理想的准颗粒，通过选择操作参数及配碳量以得到理想的烧结热制度等措施，使烧结过程按一定步骤进行，最终得到由硅铝铁酸钙（SFCA）及原生赤铁矿等矿物组成的非均相优质烧结矿，从而直接或间接地降低固体燃料的消耗。

(2) 小球团烧结。小球团烧结通过对混合料预先制粒，使料层透气性大为改善，料层阻力减小，能够很好地实现厚料层烧结，并能降低烧结负压，节省抽风机电耗约40%；且采用燃料分加技术，改善了固体燃料的燃烧条件，降低固体燃料消耗。

(3) 热风烧结。热风物理热的带入可降低固体燃料消耗，并改善烧结矿质量。随热风温度的提高，其降低固体燃耗的幅度在保证冶金性能合格的条件下逐渐降低。风温小于400℃时，每100℃风温固体燃耗降低5%；大于400℃时，每100℃风温固体燃耗降低2.5%。考虑到热风来源输送及综合效果，热风烧结以200~300℃较为适宜，以利用烧结冷却机余热为发展方向。

小　结

(1) 铺底料的作用：保护炉箅；过滤作用；保持有效抽风面积，改善真空制度；降低劳动强度。

(2) 混合料往台车上铺料的过程称为布料。布料操作要选择料层厚度，依据风机能力、原料条件、透气性调整料层厚度。

(3) 点火操作要选择适宜的点火温度、点火热量和点火真空度，并保证废气有一定的含氧量。

(4) 带式抽风烧结过程是将含铁原料、燃料、熔剂混匀制粒布上台车，台车移动，同时点火器在料面点火，下部抽风，烧结反应开始，持续强制抽风，烧结料中燃料燃烧，产生热量，使烧结混合料自上而下发生物理化学变化，生成烧结矿。

(5) 烧结过程中的物理化学反应有：1) 燃料的燃烧和热交换；2) 水分的蒸发和冷凝；3) 碳酸盐和硫化物的分解和挥发；4) 铁矿石的氧化和还原反应；5) 有害杂质的去除；6) 粉料的软化熔融和冷却结晶等。

(6) 按温度的变化和产生的物理化学反应，烧结料层可分为五个带（或五层），即烧结矿层、燃烧层、预热层、干燥层、过湿层。

(7) 固体炭燃烧获得的高温和CO气体，为液相的生成和一切反应提供了热量和气氛条件。固体炭燃烧的好坏决定了烧结矿的质量和产量。

(8) 提高料层透气性的措施有：1) 改善混合料的粒度组成；2) 降低燃烧层的厚度；3) 适宜的混合料水分，提高造球效果；4) 增加烧结料层的有效风量；5) 混合料中加入添加物。

(9) 铁氧化物在烧结过程中的还原是分步进行的。在烧结料层的预热带开始，在固体燃料的燃烧带激烈进行，还原顺序为 $Fe_2O_3 \rightarrow Fe_3O_4 \rightarrow FeO \rightarrow Fe$。

(10) FeO多，形成的难还原的硅酸铁增多。减少FeO的措施：控制燃料用量；缩小燃料粒度；适当增加风量。

(11) 铁酸钙体系能够提高烧结矿的强度，烧结矿的还原性好，节省燃料。增加 CaO-Fe_2O_3 体系的措施：烧结过程有强的氧化气氛；使铁的氧化物以 Fe_2O_3 形式存在；减小熔剂粒度，加强混合过程，使 CaO 与 Fe_2O_3 更紧密地接触；避免高温、高碳。

(12) 风量（Q）大，料层垂直烧结速度（C）快，烧结机产量（q）高。提高风量的方法：1）提高抽风能力；2）改善料层透气性；3）提高密封性，降低漏风率。

(13) 料层厚度。1）料层薄：平均强度低，烧结不完全，返矿粉末增加，蓄热少，固体炭增加，FeO 量增加，还原性变差。2）料层厚：平均强度高，热利用好，碳消耗少，FeO 量降低，还原性好。3）适宜厚度：需综合考虑烧结透气性和风机能力，达到高产优质。发展方向：厚料层、高负压、大风量。

(14) 机速。机速快，烧结时间短，返矿比例增大，烧结矿平均强度差；机速慢，产率低，表面过熔，FeO 含量高，还原性差。

(15) 烧结终点判断与控制。1）终点控制：控制烧结过程全部完成时台车（风箱）所处的位置。2）终点标志：风箱温度下降的瞬间或是温度最高的风箱位置（较前后风箱高 20~40℃）；机尾断面已烧透，赤红部位小于 1/3 高度，炉箅上无未烧好的混合料。3）调整措施：① 变动机速（生产中常用）；② 变动料层厚度；③ 调真空度。

(16) 提高烧结矿质量的措施：1）加强烧结料原料准备，改善料层透气性；2）采用大风量、高负压烧结，并减少漏风损失，增大有效风量；3）采用厚料层烧结；4）新工艺新技术的采用。

(17) 烧结节能措施：1）降低固体燃料消耗；2）减少烧结机漏风率，降低抽风电耗；3）改进点火技术，降低点火燃耗；4）积极推广余热利用技术，回收二次能源；5）烧结工艺节能。

思 考 题

(1) 铺底料有何作用？
(2) 布料有何要求？
(3) 点火温度和点火时间依据什么确定？
(4) 请简述带式抽风烧结过程。
(5) 透气性对烧结过程有何影响？
(6) 固相反应产生哪些液相，哪些是有利液相，为什么？
(7) 什么是厚料层烧结？厚料层烧结要注意什么？
(8) 烧结终点如何判断？烧结机速是否越快越好，为什么？
(9) 强化烧结有哪些措施？
(10) 改善烧结料层透气性有哪些方法？

学习情境 3

烧结矿处理

学习任务：
（1）学习烧结矿的冷却和整粒过程；
（2）以冷却设备和破碎设备、筛分设备为载体，学习使用和维护冷却机，并能进行烧结矿的冷却操作；
（3）学习正确使用和维护破碎机、筛分设备，并能进行烧结矿的破碎、筛分操作。

任务 3.1　烧结矿的冷却

现在广泛采用烧结矿冷却工艺，即将红热的烧结矿冷却至 130~150℃ 以下，其主要原因如下：

（1）烧结矿冷却后，便于进一步破碎筛分，整顿粒度，实现分级，并降低成品矿粉末，达到"匀、净、小"的要求，可以提高高炉料柱的透气性，为强化高炉冶炼创造条件。冷矿通过整粒，还便于分出粒度适宜的铺底料，实现较为理想的铺底料工艺，改善烧结过程。

（2）高炉使用经过整粒的冷烧结矿，炉顶温度降低，炉尘吹损减少，有利于炉顶设备的维护，延长其使用寿命，并为提高炉顶煤气压力，实行高压操作提供有利条件。我国使用热矿的高炉，虽然设计炉顶压力达 0.15MPa，但长期只能维持在 0.05~0.07MPa 的水平；而使用冷烧结矿的同类型高炉，顶压却可达到 0.13~0.14MPa，接近设计水平。由于炉顶压力提高，有利于炉况稳定顺行，故使用冷烧结矿是很有必要的。

（3）采用冷矿可以直接用皮带运输机运矿，从而取消大量机车、运矿车辆及铁道线路，占地面积减少，厂区布置紧凑，节省大量设备和投资；烧结矿用皮带运输，甚至直接向高炉上料，容易实现自动化，增大输送能力，更能适应高炉大型化发展的要求。

（4）使用冷烧结矿可以改善烧结厂和炼铁厂的厂区工作环境。

目前，生产冷烧结矿的不足之处在于：烧结矿在强制冷却过程中形成玻璃质，并产生较大内应力和显微裂纹，在一定程度上会影响其强度，使返矿率增高；其次，烧结机在生产冷矿的条件下，作业率和生产率较低，经营费用较高，冷却设备庞大。目前，国内生产冷烧结矿的烧结机作业率一般在 70% 左右，比热矿流程约低 20%。但随着设备和生产管理日益完善，冷却制度的不断改进，上述问题将逐步得到解决。

冷却方式可分为机上冷却和机外冷却。机上冷却是将烧结机延长后，直接在烧结机的后半部进行烧结矿的冷却，烧结段和冷却段各有独立的抽风系统。机外冷却则是在烧结机以外设置专门的冷却设备，如带式冷却机、盘式冷却机、环式冷却机等。日本是采用机外冷却的国家，拥有世界上最大的带、盘、环式冷却机，生产率高、能耗低、质量好。我国除宣钢、水钢、首钢、武钢二烧等采用机上冷却外，大多数烧结厂都采用机外冷却。

烧结矿进行冷却时，冷却方法选择合适与否，对冷烧结矿生产影响很大。合适的冷却方法应该保证烧结矿质量（主要指强度）少受或不受影响，尽量减少粉化现象；冷却效率高，以便在较短的时间内达到预期的冷却效果；经济上合理。烧结矿的冷却方法有打水冷却、自然通风冷却和强制通风冷却。打水冷却具有冷却强度大、效率高和成本低的优点，但因急冷其强度大大降低，尤其对熔剂性烧结矿，遇水产生粉化的情况更为严重，并且难以再行筛分。自然风冷冷却效率低，冷却时间长，占地面积大，环境条件恶劣。因此，目前广泛采用强制通风冷却。强制风冷又有抽风冷却和鼓风冷却两种。抽风冷却采用薄料层（$H<5mm$），所需风压相对较低（600~750Pa），冷却时间短，一般经过 20~30min 烧结矿可冷却到100℃左右；但所需冷却面积大，风机叶片寿命短，且抽风冷却第一段废气温度较低（150~200℃），不便于废热回收利用。鼓风冷却采用厚料层（$H>500mm$），冷却时间较长，冷却面积相对较小，冷却后热废气温度为 300~400℃，便于废热回收利用；但所需风压较高，一般为 2000~5000Pa。总的看来，鼓风冷却优于抽风冷却，在新建的烧结厂中，抽风冷却已被逐渐取代。

在保证烧结矿烧好烧透的基础上，改善烧结矿的粒度和粒度组成，可提高强制风冷的冷却效率。当烧结矿温度一定时，在一定冷却时间内，冷却效果主要取决于烧结矿的粒度及粒度组成、冷却风量和风速。根据计算，所需的冷却风量按1t烧结矿计，鼓风冷却为 2000~2200m^3（标态），抽风冷却为 3500~4800m^3（标态）。风量一定时，烧结矿的粒度显得更为重要。研究表明，在一定的冷却设备、冷却风量、料层厚度等条件下，烧结矿从初始温度（700~800℃）冷却到要求温度（100℃）所需的最少时间，可按以下经验公式计算：

$$\tau = 0.15kd \tag{3-1}$$

式中 τ——冷却时间，min；

k——系数，按筛分效率高低可取 1~1.2；如小于8mm 的烧结矿为零，则 k 为 1；

d——烧结矿的粒度上限，mm。

从式（3-1）可知，烧结矿缩小上限，筛出粉末，则冷却时间缩短。因此，冷却前，对大块烧结矿破碎是必要的。要使烧结矿在 20~30min 内冷却到要求温度，烧结矿应破碎到150mm 以下。同时破碎后还应进行筛分，改善其粒度组成，尽量减少粉末（小于5mm）含量，以免堵塞气流通道，导致冷却矿层透气性降低和气流分布不均，影响风的利用和冷却效果。此外，要保证冷却效果，还应使冷却机上布料均匀。

任务 3.2　烧结矿的整粒

通常对冷却后的烧结矿进行破碎、筛分并按粒度分级称为烧结矿整粒。一般烧结矿只经过机尾单辊破碎机破碎和固定条筛筛分后，粒度仍然很大，且极不均匀，粉末含量较多。大块烧结矿的强度不稳定，在冷却、转运和贮存过程中，会不断碎裂产生新的粉末。烧结矿成品中小于5mm的粉末往往大于10%，甚至高达20%以上。这种状态的烧结矿若直接用于高炉，对还原过程和高炉顺行都会带来不利影响，使冶炼指标低下。高炉越大，强化程度越高，就越为突出。此外，返矿中大于10mm的大颗粒很多，不仅降低了成品率，且不利于混合料成球。因此，冷矿有必要进行整粒。

从改善烧结矿还原性和高炉料柱透气性出发，必须将烧结矿粒度上限控制到一个适当的水平，这与高炉大小有关。通常大中型高炉为40~50mm，小型高炉为30~40mm。同时，要严格控制粒度下限，对小于5mm的粉末，其含量越低越好，一般应低于5%。对于在粒度范围内的成品烧结矿也应进行粒度分级，提高入炉矿石的均匀性，并从中分出适宜粒度的成品矿作为铺底料，以改善铺底料质量，促进烧结生产。因此，冷矿的整粒流程通常是：烧结矿从冷却机卸下后，首先进行一次粗筛，分出大于50mm的大块并将其进行冷破碎，破碎后的矿石与粗筛筛下物（小于50mm的粒级）一起经3~4次筛分，分出成品、铺底料和直径小于5mm的部分作返矿；从中间粒级（一般是10~25mm或相近的粒度范围）的成品矿石中分出部分作铺底料；其余的为成品烧结矿，粒度均匀，粉末量少。

为尽可能消除成品烧结矿在最后贮存、转运过程中产生粉末，在高炉槽下再进行一次筛分，筛下物返回烧结参加配料。使用整粒后的烧结矿，高炉冶炼指标大为改善。如德国某公司高炉使用整粒后的烧结矿入炉，高炉利用率提高了18%，焦比降低了20kg/t，炉顶吹出粉尘减少，延长了炉顶设备的使用寿命。

目前，随着高炉的现代化、大型化和节能的需要，对烧结矿的质量要求越来越高。烧结矿整粒技术也就随高炉冶炼技术的发展而逐步发展完善起来。近年来国内新建的烧结厂大都设有整粒系统，一些老厂的改造也增设了较完善的整粒系统。如我国宝钢烧结厂、鞍钢新三烧、首钢二烧、武钢三烧、马钢二烧、宣钢二烧等厂都设立了类似的整粒流程。

图3-1为鞍钢新三烧烧结矿整粒系统的流程图。烧结矿从机尾卸下，经单齿辊破碎机，破碎后送至热矿振动筛，小于5mm的作热返矿，大于5mm的进入环冷机，冷却后的烧结矿通过四次冷筛后送至高炉矿槽，入炉前进行槽下筛分，保证烧结矿小于5mm的入炉量小于5%。

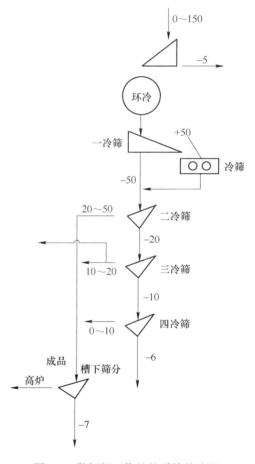

图3-1　鞍钢新三烧整粒系统的流程

小　结

（1）烧结矿冷却不仅便于破碎筛分，整顿粒度，也便于皮带运输机运矿，同时还能改善烧结厂和炼铁厂的厂区工作环境。

（2）烧结矿冷却方法分为机上冷却和机外冷却，冷却设备包括带式冷却机和环式冷却机。

（3）烧结矿整粒过程包括破碎、磨矿和筛分。破碎设备有颚式破碎机、旋回圆锥破碎机、短锥式破碎机、辊式破碎机和冲击式破碎机。矿石的破碎过程通常是在磨矿机中进行的。筛分设备有固定筛、圆筒筛和振动筛。振动筛是工业上使用最广泛的筛子，多用于筛分细碎物料。最常用的振动筛有偏心振动筛、惯性振动筛和自定中心振动筛等。

思 考 题

（1）简述烧结矿冷却的必要性。
（2）带式冷却机和环式冷却机各有什么特点？
（3）试简述冷矿整粒流程。

学习情境 4

球团配料及造球

学习任务：

以球团矿的造球过程为载体，学习原料的准备处理，配料计算，原料的混合、干燥与润磨操作，能正确地进行造球操作。

球团工艺是细密铁精矿粉或其他含铁粉料造块的一种方法。由于对炼铁用铁矿石品位的要求日益提高，大量开发利用贫铁矿资源后，选矿提供了大量细磨铁精矿粉（小于0.074mm）。这样的细磨铁精矿粉用于烧结不仅工艺技术困难，烧结生产指标恶化，而且能耗浪费。球团矿生产正是处理细磨铁精矿粉的有效途径。随着我国"高碱度烧结矿配加酸性球团矿"这种合理炉料结构的推广，球团矿生产也有了较大发展。

任务 4.1 球团原料及其准备

根据用途与化学成分，球团原料分为不同的两类。一类是含铁原料，系球团基体。另一类是含铁少或不含铁的原料，主要用于促进造球，改善球团物理机械特性和冶金特性。

4.1.1 含铁原料

4.1.1.1 铁矿石精矿

化学成分不适宜冶炼的各种铁矿石，在造球之前要经过选别处理。在选别过程中，各种有害成分大部分被分离出去，所获得的精矿不管采用的是哪种选矿方法，其含铁量应大于64%。球团矿生产所用的原料主要是铁精矿粉，一般占造球混合料的90%以上。精矿的质量对生球、成品球团矿的质量起着决定性的作用。球团矿生产对铁量矿的要求如下：

（1）粒度。适合造球的精矿小于0.004mm（-325目）部分应占60%~85%，或小于0.074mm（-200目）部分应占90%以上，比表面积大于1500cm^2/g。细粒精矿粉易于成球，粒度越细，成球越好，球团强度越高。但粒度并非越细越好，粒度过细磨矿时能耗增加，选矿后脱水困难。

（2）水分。水分的控制和调节对造球过程、生球质量、干燥焙烧、造球设备工作影响很大。一般磁铁矿和赤铁矿精粉适宜的水分为7.5%~10.5%；小于0.004mm占65%时，适宜水分为8.5%；而小于0.0074mm占90%时，适宜水分为11%，水分的波动不应超过±0.2%，且越小越好。

（3）化学成分。化学成分的稳定及其均匀程度直接影响生产工艺过程和球团矿的质量,全铁含量波动应小于 ±0.5%,二氧化硅含量波动应小于 ±0.3%。

4.1.1.2 其他含铁原料

在某些情况下,除了铁精矿粉以外,有些从其他热处理加工或者化学加工过程中获得的含铁物料也可以单独地或同上述矿粉混合用来制成球团,这类含铁原料包括黄铁矿烧渣、轧钢皮、转炉炉尘、高炉炉尘等。一般各种炉尘粒度很细,比表面积大,而烧渣和轧钢皮需细磨后方可造球。

原料进厂后若不能满足造球工艺要求需加工处理,主要有再磨、干燥、中和等。

再磨可分为干磨和湿磨两种,如图 4-1 所示。采用的磨矿设备为圆筒型磨机,多用钢球作为磨矿介质。有些情况下是采用钢棒或块矿("砾石")作为磨矿介质。

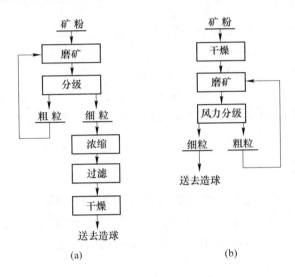

图 4-1 造球原料磨矿工艺流程
(a) 湿磨;(b) 干磨

干燥也分为两种,一种是将精矿粉或混合料全部经干燥机干燥至造球适宜的水分;另一种是将部分精矿干燥,与其他未经干燥的精矿配合使用。我国精矿粉含水一般都较高,不利于造球,因此在造球前有必要进行干燥,使矿粉含水量降到最适宜的造球的湿度。

中和是为了控制和减少原料化学成分的波动,保持原料化学成分的稳定。中和的方法与烧结原料的准备处理相似。

4.1.2 黏结剂与添加剂

4.1.2.1 黏结剂

黏结剂同细磨矿石颗粒相结合有利于改善湿球、干球以及焙烧球团的特性。最主要的一种黏结剂就是水。球团生产使用的黏结剂有膨润土、消石灰、石灰石、白云石和水泥等。氧化固结球团常用膨润土、消石灰两种。水泥通常是生产冷凝固结球团的黏结剂。

膨润土是使用最广泛、效果最佳的一种优质黏结剂。它是以蒙脱石为主要成分的黏土矿物,蒙脱石又称微晶高岭石或胶岭石。蒙脱石是一种具有膨胀性能呈层状结构的含水铝硅酸盐，其化学分子式为 $Si_4Al_2O_{10}(OH)_2 \cdot nH_2O$，化学成分为 SiO_2 66.7%，Al_2O_3 28.3%。膨润土实际含 SiO_2 60%~70%，Al_2O_3 为 15% 左右，另外还含有其他杂质，如 Fe_2O_3、Na_2O、K_2O 等。

膨润土的主要作用是提高生球强度、调剂原料水分、稳定造球作业，提高物料的成核率和降低生球长大速度，使生球粒度小而且均匀。同时，膨润土还能够提高生球的热稳定性，既可以提高生球的爆裂温度和生球干燥速度，缩短干燥时间；又可以提高干球强度和成品球团矿的强度。

膨润土的加工主要是破碎或碾压，然后干燥，由平均自然水分 30% 干燥到 7%~8%。为了保持膨润土的活性，干燥温度应不超过 150℃。干燥之后或干燥过程中将膨润土磨细，磨到小于 0.074mm 粒级的至少占 99%。膨润土要使用密封容器运输，如槽式卡车或装袋运输。

球团矿生产对膨润土的技术要求：蒙脱石含量大于 60%；吸水率（2h）大于 120%；膨胀倍数大于 12 倍；粒度小于 0.074mm 的占 99% 以上；水分小于 10%。膨润土用量一般占混合料的 0.5%~1.0%。国外膨润土的用量为混合料的 0.2%~0.5%，国内由于精矿粉粒度较大而膨润土用量较多，一般占混合料的 1.2%~1.5%。膨润土经焙烧后残存部分的主要成分为 SiO_2 和 Al_2O_3，每增加 1% 的膨润土用量，要降低含铁品位 0.4%~0.6%，应尽量少加。

4.1.2.2 添加剂

球团矿添加熔剂的目的主要是改善球团矿的化学成分，特别是其造渣成分，提高球团矿的冶金性能，降低还原粉化率和还原膨胀率等。常用的碱性添加剂有消石灰、石灰石和白云石等钙镁化合物。其性质、作用和要求与烧结用熔剂相同，但粒度要求比烧结更细，细磨后小于 0.074mm 的含量为 90% 以上。

（1）消石灰。消石灰既是黏结剂，又是碱性添加剂。消石灰是生石灰加水消化后形成的氢氧化钙。它具有粒度细、比表面积大、亲水性好和天然胶结能力强的特点。消石灰加入量过多时，由于物料的堆密度减小，毛细水迁移速度延缓，成球速度降低。消石灰黏性好，用量过多时母球易于聚结，而母球本身又坚固，往往导致生球表面出现棱角。使用时，不能有未经充分消化的生石灰，并要保持水分的稳定，不然，对造球不利。

（2）石灰石。石灰石也是一种亲水性较强的物料。其颗粒表面粗糙，在造球物料中添加石灰石粉，能增加生球内颗粒间的摩擦力，提高生球强度。石灰石堆密度大于消石灰，但黏结力不如消石灰，一般添加石灰石是为了提高球团矿碱度。球团矿中添加石灰石粉，粒度小于 0.074mm 的应占 90% 以上。在我国现有条件下，最合理的添加物是消石灰或消石灰和石灰石的混合物。它们不仅能提高生球和干球的强度，提高生球的热稳定性，而且起到了熔剂的作用。并且，在处理过湿原料时，采用生石灰还可以起到降低原料水分的作用。

4.1.3 配料

球团矿使用的原料种类较少，故配料、混合工艺比较简单，如同烧结一样。

配料是为了获得化学成分和物理性质稳定、冶金性能符合高炉冶炼要求的球团矿，并使混合料具有良好的成球性能和生球焙烧性能。应根据原料成分和高炉冶炼对球团矿化学成分的要求进行配料计算，以保证球团矿的含铁量、碱度、含硫量和氧化亚铁含量等主要指标控制在规定范围内。配料计算方法通常有两种，一种是根据原料品种和化学成分先确定配料比，然后进行计算；另一种是根据球团矿的技术条件，主要是球团矿的含铁量和碱度确定后再进行配料计算。先进行各种精矿粉单烧计算，再确定配加率，计算过程与烧结配料的计算方法相似。

配料形式通常为集中配料。集中配料是把各种原料全部集中到配料室，分别储存在各种配料槽内，然后根据配料比进行配料。配料的方法为容量法和质量法，常用的为质量配比法。也有采用 X 射线分析仪对混合料作快速分析，按原料化学成分配料的方法。铁精矿和熔剂大多采用圆盘给料机给矿和控制料量，并经过皮带秤或电子秤称量配料。为了提高生球强度往往在混合料中加入少量黏结剂，黏结剂的配入是由称量铁精矿的皮带发出信号来控制。

任务 4.2　混合与干燥

由于球团矿生产中膨润土、石灰石粉等添加剂的加入量很少，为了使它们能在矿粉颗粒之间均匀分散，并使物料同水良好结合，应加强混合作业。

混合作业大都采用圆筒混合机或轮式混合机的一次混合流程。国外有的厂采用连续式混磨机，由于混磨作用，水和黏结剂的混合效果得到了充分发挥，可以减少黏结剂的用量，提高生球质量，特别是生球落下强度增加，保证焙烧时生球具有良好的透气性，对于提高焙烧球团矿的产量质量都有利。混磨时应注意矿石和黏结剂的可磨性可能存在有较大差别，且湿磨时，膨润土不能加入，因为膨润土的膨胀性会对矿浆的过滤产生不良影响。

混合设备的作用是把按一定配比组成的烧结或球团料混匀，且形成一定粒度组成的料球，以保证烧结（或球团）矿的质量与产量。常用的混合设备有圆筒混料机、双轴搅拌机和轮式混料机。

4.2.1　圆筒混料机

烧结厂常用的混料设备是圆筒混料机，详见 1.3.2 节。

4.2.2　双轴搅拌机

双轴搅拌机由搅拌叶片、机壳和传动部分组成。物料从搅拌机的一端加入，叶片转动时物料被搅拌并推向前进，然后从另一端底部排料口排出。搅拌机主要用于物料的搅拌混匀及润湿，适用于混合料坡度与水分较大的物料。该设备构造简单，多作为球团厂一次混料用。其缺点是产量低，搅拌叶片磨损严重。

4.2.3　轮式混料机

轮式混料机是一种简易的混料设备，在球团厂用于混合料的混匀，效果较好。

轮式混料机有单轮和多轮两种类型。单轮混料机由钢板和方形钢棒焊接而成。多轮混料机是由钢板做成叶片排列组成，并安装在皮带机上。当轮子转动时，物料以一定的高度落到混合轮上，被旋转的钢棒打成散乱状态，使物料混匀。

轮式混料机体积小,重量轻,耗电量少,结构简单,工作可靠,便于制造维修,适于原料较单一的球团厂。但对于水分大,黏性较大的物料,因易粘料,致使混匀效率降低。

任务 4.3 造 球

细磨物料经过混合作业后,在造球设备的机械力的作用下,经过滚动、转动、挤压等机械运动形成了生球。除了前面叙述的细磨物料理想的成球方式外,在实际生产中成球过程(如图 4-2 所示)或多或少地采用以下几种方式:

(1) 很细的颗粒逐层滚粘到其他颗粒上,从而形成生球;
(2) 已经形成的小球通过相对运动和一定压力的作用彼此黏结而聚团;
(3) 破碎的生球碎屑滚粘到尚存的结实生球上面或嵌入到生球里面;
(4) 从软弱生球上磨落的细末嵌入到结实的生球里面。

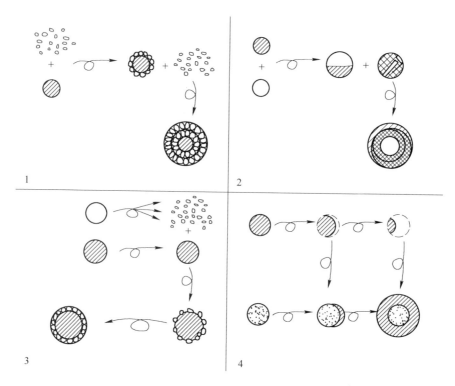

图 4-2 几种成球方式示意图
1—逐层滚粘;2—小球聚结;3—碎球嵌粘;4—磨剥嵌入

造球过程中,生球的制成是与一些料球的破碎同时进行的。只有那些能够经受剪切力或破碎力作用的生球才能在滚动的过程中存在下来。造球力与破坏力二者的竞争有利于制出粒度均匀、致密结实和性能良好的生球。造球是球团生产工艺的关键。生球的质量对成品球团矿的质量影响很大,必须对生球质量严格要求;对生球的一般要求是粒度均匀,强度高,粉末含量少。粒度一般应控制在 9~16mm。每个球的抗压强度:湿球不小于 90N/个,干球不小于 450N/个;落下强度自 500mm 高落到钢板上不小于 4 次;破裂温度应大于

400℃。干球应具有良好的耐磨性能。为了提高焙烧设备的生产率和成球质量,将小于9mm和大于16mm的球筛除,经打碎再参与造球。

混合料的造球设备常用的有圆筒造球机和圆盘造球机,个别厂也有采用圆锥造球机的。

(1) 圆筒造球机工艺(如图4-3所示)。将准备好的混合料装入圆筒造球机上端给料口,必要时往规定区域上喷水,以达到最佳造球状态。混合料沿着平滑的螺旋线向排料口滚动。根据圆筒长度、倾角转速和填充率的不同,圆筒造球机制出一定粒度组成的生球,其造球能力依矿石种类而变化,成球性能是:褐铁矿比赤铁矿好,赤铁矿比磁铁矿好。按照这种方式造球,圆筒造球机在实际的造球过程中不能产生分级作用。因此,圆筒造球机的排料须经过筛分,将所需粒度的生球分离出来。全部筛上大块均经过破碎之后再同筛下碎粉和新料汇合后一起返回圆筒造球机。根据操作条件的不同,循环负荷量可以为新料的100%~200%,随着循环负荷的加入,造球混合料要反复通过圆筒造球机,直至制成合格生球排出为止。为了分出合格粒级生球,保持生球的质量,生球筛必须具有足够的能力,以弥补混合料较大的波动。

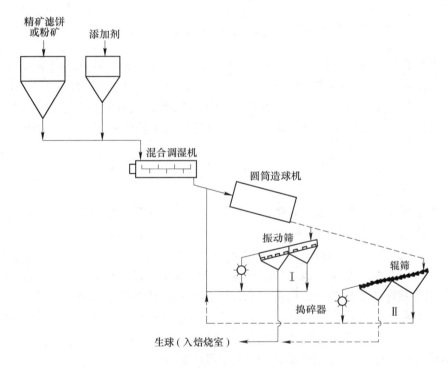

图 4-3 圆筒造球机工艺流程示意图
Ⅰ—振动筛方案;Ⅱ—辊筛方案

生球筛主要有振动筛和辊筛两种形式,振动筛正逐渐被辊筛所取代。在相同的条件下,辊筛的筛分效率比振动筛约高25%,且辊筛操作运转比较平稳,振动较轻。采用辊筛会得到表面质量更好的生球。

(2) 圆盘造球机工艺(如图4-4所示)。圆盘造球机是目前国内外广泛使用的造球设备。混合料给入造球盘内,受到圆盘粗糙底面的提升力和物料的摩擦力作用,在圆盘内转

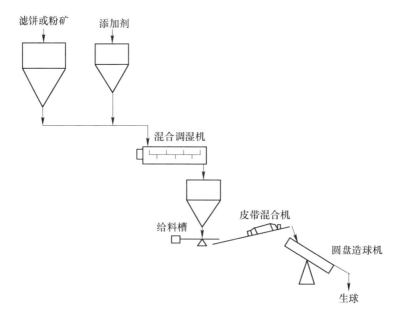

图 4-4　圆盘造球机工艺流程示意图

动时，细颗粒物料被提升到最高点，从这点小料球被刮料板阻挡强迫地向下滚动，小料球下落时，黏附矿粉长大，小球不断长大后，逐渐离开盘底，它被圆盘提升的高度不断降低，当粒度达到一定大小时，生球越过圆盘边而排出圆盘。在圆盘的成球过程中产生了分级效应，排出的都是合格粒度的生球，生球粒度均匀，不需要过筛，没有循环负荷。

小　结

（1）配料能够获得化学成分和物理性质稳定、冶金性能良好的球团矿，并使混合料具有良好的成球性能和生球焙烧性能。

（2）成球过程：1）母球形成；2）母球长大；3）生球密实。

（3）生球质量包括粒度组成、落下强度、抗压强度、破裂温度、干裂耐磨性等方面。

（4）圆筒造球机结构简单，设备可靠，运转平稳，维护工作量小，原料适应性强，单机产量大；但圆筒利用面积小，只有40%，设备重，电耗高，无分级作用，排出的生球粒度不均匀，需要筛分。圆盘造球机选出的生球粒度均匀，不需要筛分，没有循环负荷；圆盘造球机质量小，电耗少，操作方便，但是单机产量低。

思　考　题

（1）在造球混合料中加黏结剂的目的是什么？
（2）影响造球的因素有哪些？
（3）散料中的水有哪几种形态，各有什么作用？

学习情境 5

球 团 焙 烧

学习任务：

（1）学习生球的布料操作、生球的干燥与生球预热、生球焙烧以及球团矿的冷却、破碎和筛分；

（2）以链箅机—回转窑焙烧和带式焙烧为载体，通过合理控制焙烧参数，会进行生球的焙烧操作。

任务 5.1　布　　料

混合物料在造球机上形成合格粒度的生球。在一般情况下，焙烧所需生球总量是由多台造球机制出的。生球集中到一条集料皮带机上输送给焙烧机。

生球的输送设备对生球的抗压强度、落下强度以及转鼓强度均有很高要求。它的主要任务就是将生球完好无损地传送给下一个工艺阶段。如图 5-1 所示，每个生球向下滚动的旋转方向同圆辊的旋转方向相对。滚到两辊间隙内的生球被后面的生球顶出，从辊子顶面滚过，又滚入下一个辊隙内；同时，生球被横向推开分布到辊式布料器的整个宽度上。

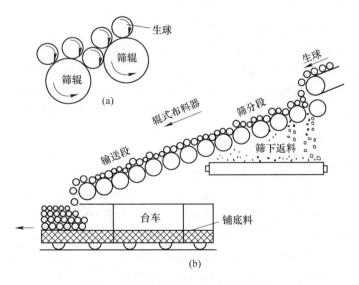

图 5-1　辊式布料器工作方式示意图
（a）辊间生球运动状态；（b）往焙烧机台车上布料

链箅机布料不用铺底料和边料，一般采用的布料机有两种，一种是梭式布料器，另一种是辊式布料器。梭式布料器布料时可以减少链箅机处的压力损失，提高链箅机的生产能力。辊式布料器布料对生球有筛分和再滚的作用。两种方法都能将生球均匀地布于运转的链箅机上。料层厚度一般为150~200mm。

任务5.2 生球的干燥与预热

未经脱水的生球在高温焙烧时会产生裂纹和爆裂，使球团本体遭到破坏和焙烧球层透气性恶化，因此在生球焙烧固结之前要进行生球的干燥与预热作业，如图5-2所示。

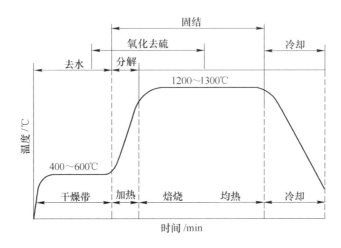

图5-2 球团焙烧各阶段情况

5.2.1 生球的干燥

生球干燥是生球加热过程的开始环节，其作用在于降低生球中的水分，以免它在高温焙烧时加热过急、水分蒸发过快而破裂、粉化，恶化料层的透气性，影响球团矿的质量。因为未经干燥的生球，特别是添加有亲水性黏结剂的生球，通常含有较多的水分，这就使得它们在受到挤压时，一方面易产生塑性变形与裂纹，另一方面在高温焙烧时会由于水分猛烈蒸发而导致生球产生裂纹或爆裂。因此，球团在进入预热和焙烧阶段之前，必须经过干燥，以满足下步工艺的要求。

5.2.1.1 生球干燥机理

生球干燥的过程首先是水分气化的过程。当生球处于干燥的热气流（干燥介质）中时，其热量将透过生球表面的边界层传给生球，此时由于生球表面的蒸汽压大于热气流中的水汽分压，生球表面的水分便大量蒸发气化，穿过边界层而进入气流，被不断带走。生球表面蒸发的结果，造成生球内部与表面之间的湿度差，于是球内的水分不断向生球表面迁移扩散，并在表面气化，干燥介质连续不断地将蒸汽带走，如此继续下去，使生球逐步得到干燥。可见，生球内部的湿度梯度和生球内外存在着的温度梯度是促使生球内部水分迁移的力量，而生球的干燥过程是由表面气化和内部扩散这两部分组成的。

在干燥过程中，虽然水的内部扩散与表面汽化是同时进行的，但速度却不一定相同。当生球表面水分气化速度小于内部水分的扩散速度时，其干燥速度受表面气化速度的控制，称为表面的汽化控制；相反，当生球表面水分气化速度大于其内部水分的向外扩散速度时，称为内部的扩散控制。生球在干燥过程中的脱水规律如图 5-3 所示。

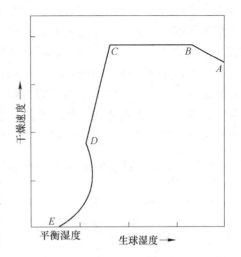

图 5-3　生球在干燥过程中的脱水情况

对表面的气化控制来说，生球水分的去除取决于物体表面水分的气化速度，显然，蒸发面积大，干燥介质的温度高、流速快，表面气化作用就快，生球的干燥速度就大。在生产上一般是通过"大风量"、"薄料层"、"高风温"的操作方法来加速干燥的。

当干燥过程受生球内部扩散速度的限制时，在表面水分蒸发气化后，生球内部的水分不能及时扩散到表面上来，将导致生球表面干燥而内部潮湿的现象，最终使生球表面干燥收缩而产生裂纹。这种干燥过程变得比表面气化控制时更为复杂，其干燥速度不仅与干燥介质的温度有关，还与生球直径和含水量有关。

一般情况下，铁精矿生球通常都加黏结剂，因而这种物料不是单纯的毛细管多孔物，也不是单纯的胶结物（典型的为陶土、肥皂等），而是胶体毛细管多孔物。所以其干燥过程的进行不能单纯由表面气化控制所决定，而内部扩散控制则起很大的作用。

在干燥开始时，水分在生球内部的扩散速度大于物体表面的气化速度，因而有足够的水由生球内部扩散到其表面，当干燥速度达到最大值（B 点）后就进入等速干燥阶段（BC 段）。这时，由于是表面气化控制，故干燥速度与生球的直径无关，而与其水含量有关，并且由于生球表面的蒸汽压等于纯液体上的蒸汽压，故其干燥速度就等于同样条件下纯液体的汽化速度，并与干燥介质的温度、速度和湿度有关。

当生球水分达到临界点 C 后，就进入干燥的第二阶段，即降速阶段（CD、DE 段），干燥速度完全由水分自生球内部向外表扩散的速度所控制。因此在第二阶段中，干燥速度与生球直径和含水量有关，尤其在 DF 阶段干燥介质的速度和干燥介质的湿度影响就更小了；而干燥介质的温度仍起决定性的影响。当生球水分达到平衡湿度时，干燥速度便等于零。

随着干燥过程的进行，生球将发生体积收缩，收缩对于干燥速度和干燥后干球质量的影响是两方面的。一方面，如果收缩不超过一定的限度（未引起开裂），就形成内粗外细的圆锥形毛细管，使水分由中心加速迁移到表面，从而加速干燥。这种收缩会使物料变紧密，强度提高。所以这种收缩是有利的；但另一方面，生球表层与中心的不均匀收缩会产生应力，其表层的收缩大于平均收缩，则表层受拉应力，而其中心的收缩小于平均收缩，则中心受压。如果生球表层所受的应力超过其极限抗拉强度，生球会开裂，并且强度显著降低，因此这种收缩是不利的。

生产实践证明，根据生球原料的特性及粒度的不同，干燥过程可能引起两种相反的效果。对含有大量胶体颗粒的褐铁矿或含泥量高的赤铁矿所制得的生球，干燥过程会使其结构变得牢固。然而对结晶型的赤铁矿和磁铁矿生球来说，干燥会使结构变弱。有添加物的赤铁矿和磁铁矿生球，干燥后其结构的变化，由添加物的作用决定。这是由于这种生球在它们去除毛细水时，胶体颗粒充填在较粗大的颗粒中间，增强了颗粒间的黏结力。

另外，如果生球中的颗粒比较均匀，尺寸比较粗大，它们就不可能变得足够紧密，在去掉毛细力以后，干球的强度可能更低，因为生球结构越弱，开裂越显著。

此外，干燥速度越快，生球不均匀收缩越显著，开裂的危险性也就越大。同时当生球内部水分的蒸发速度大于水分自球内排出的速度时，生球也会开裂。

5.2.1.2 影响生球干燥速度的因素

生球在干燥过程中可能产生低温表面干裂和高温爆裂，因此生球干燥必须以不发生破裂为前提，其干燥速度与干燥所需时间取决于下列因素。

（1）干燥介质的状态。干燥介质的状态指干燥气流的温度、流速与湿度。干燥介质的温度越高，生球水分的蒸发量就越大，干燥速度也越快，干燥时间相应缩短，如图 5-4 所示。但干燥介质的温度受到生球破裂温度的限制，应控制在生球的破裂温度之下，否则随着介质温度的不断提高，将会使生球表层与中心不均匀收缩加剧，导致产生裂纹，更有甚者会因剧烈气化，中心水分来不及排除而爆裂。

干燥介质的流速越快，生球表面气化的水蒸气散发越快，可促进生球表面水分的快速蒸发，如图 5-5 所示。与温度的影响相似，干燥介质流速也受生球破裂温度的制约。通常情况下，流速大时应适当降低干燥湿度，对于热稳定性差的生球干燥时，往往采用低温大风量的干燥制度。

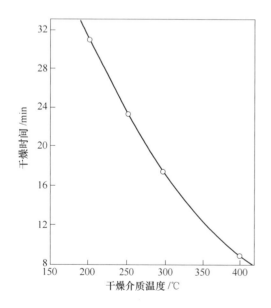

图 5-4　干燥介质温度与干燥时间的关系
（料层厚 200mm，气流速度为 0.5m/s）

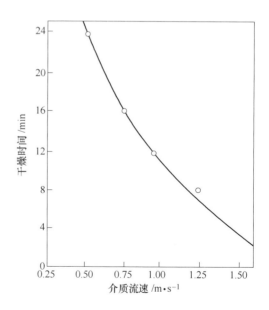

图 5-5　干燥介质流速与干燥时间关系
（料层厚 200mm，气体温度 250℃）

干燥介质的湿度越低，生球表面与介质中蒸汽压力差值就越大，越有利于水分的蒸发，但有些导湿性很差的物质，为了避免形成干燥外壳，往往采用含有一定湿度的介质进行干燥，以防裂纹的产生。

（2）生球的性质。生球本身的性质包括生球的初始湿度与粒度等。生球的初始湿度高，破裂温度就低。因为生球初始水分高时，干燥初期由于生球内外湿度相差大会造成严重的不均匀收缩，使球团产生裂纹；在干燥后期，当蒸发面移向内部后，由于内部水分的蒸发而产生的过剩蒸汽压可能会使生球发生爆裂，而爆裂温度的降低必然限制生球的干燥速度，延长干燥时间。一般，亲水性强的褐铁矿所制得的生球其爆裂温度比赤铁矿与磁铁矿要低。

生球粒度小时，由于具有较大的比表面积，蒸发面积大，内部水分的扩散距离短，阻力小，干燥速度快，可承受较高的干燥温度。生球粒度过大会影响干燥速度，对干燥不利。

（3）球层高度。增加球层高度将延长干燥时间，降低干燥速度。因为球层越厚，干燥介质中的水蒸气在下部料层凝结的情况就越严重，底层生球的水分含量将升高，会降低底层生球的破裂温度。图 5-6 所示为球层高度与干燥时间之间的关系。因此在焊料层干燥时，应延长干燥时间，限制干燥速度。

5.2.1.3　生球干燥过程中产生破裂的原因及提高生球破裂温度的途径

生球的干燥破裂是强化生球干燥的限制性环节，干燥过程中在 400~600℃ 之间有可能发生生球的爆裂。产生爆裂的原因可能有两个：一是生球在干燥中发生体积收缩，由于物料特性和干燥制度的不同，生球表面产生湿度差，表面湿度小收缩大，中心湿度大收缩小，这种不均匀收缩会产生应力，干燥时一般是表面收缩大于平均收缩，表面受拉和受剪，一旦生球表层所受的拉应力或剪应力超过生球表层的极限抗拉、抗剪强度，生球便开裂。若是表面干燥后结成硬壳，当生球中心温度提高后，水分迅速汽化，形成很高的蒸汽压，当蒸汽压超过表层硬壳所能承受的压力时，生球便爆裂。如果生球在干燥时期开裂，则焙烧后的球团矿强度至少降低 1/5~1/3，如图 5-7 所示。因此，提高生球的热稳定性是

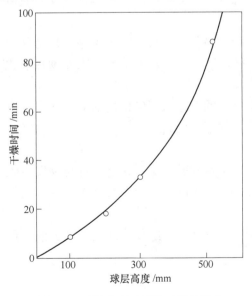

图 5-6　球层高度对干燥时间的影响

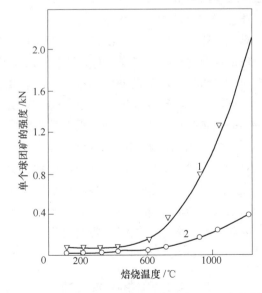

图 5-7　干球质量在不同焙烧温度对球团矿强度的影响
1—未开裂的生球；2—开裂的生球

球团生产中必须解决的问题，实际生产过程中可采取以下措施来强化干燥过程。

（1）逐步提高干燥介质的温度与流速。生球在干燥初期，应先在较低的温度与流速下进行干燥，随着水分的不断减少，生球破裂温度相应提高，可逐步提高干燥介质与流速，以加强干燥过程，改善干燥质量。所以干燥前段应实行"慢升温、低风速"，而干燥后期应采用大风、高温操作。

（2）采取先鼓风再抽风的方法进行干燥作业。当采用带式焙烧机或链箅机进行干燥时，可采用鼓风和抽风相结合的方法，先鼓风干燥，使下层的生球蒸发掉一部分水分，将生球的温度提高到露点以上；再向下抽风，减少与避免下部球层的过湿现象，从而提高生球的热稳定性。

（3）采用薄层干燥。适当减薄球层的厚度，可以减少蒸汽在球层下部冷凝的程度，提高生球的破裂温度，但这样做会降低产量。

（4）采用分层干燥。通过分层干燥，可以发挥薄层干燥的优势，但在操作上有较大的困难。

（5）造球时加入合适的添加剂。实践证明，加入能使成球性指数提高到 0.7 左右的适量添加剂可以提高生球的破裂温度，获得良好的干燥效果。因为当成球性指数提高到 0.7 时，生球的破裂温度更高，而 K 大于或小于 0.7 时，都要降低生球的热稳定性。比如，在加入 0.5% 的膨润土后，生球的破裂温度可由 175℃ 提高到 450~500℃，而加入 1% 的膨润土和 8% 的石灰后，生球的破裂温度可提高到 700℃ 左右。这就可能在干燥时采用温度较高的干燥介质来加速干燥过程。

5.2.2 球团的预热

生球干燥后继续加热即进入预热阶段。预热阶段的温度范围是 300~1000℃，如果没有这个逐步的升温过程，许多球团的强度将会由于热效应或某种激烈的物理化学反应而遭到破坏。除此以外，预热还有以下作用：

对于磁铁矿而言，预热段是磁铁矿氧化为赤铁矿的最重要阶段，这个氧化过程与球团的最终强度直接相关。由于 900~1100℃ 是磁铁矿氧化反应最激烈的阶段，因此预热氧化是否充分对磁铁矿球团的固结和最终强度有重要影响。

链箅机—回转窑球团的预热过程是在链箅机上进行的，进入回转窑之前的预热强度对回转窑的正常生产有很大影响，很低的预热强度会增加带入回转窑的粉料数量，以致产生结圈等一系列问题，因此需要尽可能提高预热球的强度。

对于一些含有碳酸盐、云母类矿物和含有较多化合水的矿石来说，预热过程要发生碳酸盐分解、化合水的脱除和某些矿物结构及相的变化，过高的预热温度与升温速度都会导致球团结构的破坏。

因此，不同阶段应根据需要制定相应的预热制度，选择合适的预热开始温度和升温速度（即预热段的长度与时间）。

5.2.2.1 磁铁矿球团的氧化过程

磁铁矿的氧化从 200℃ 开始至 1000℃ 左右结束，经过一系列的变化最后完全氧化成

Fe_2O_3。根据已有的认识,一般认为磁铁矿球团的氧化反应过程由以下两个阶段组成。

第一阶段(温度在 222~400℃):

$$4Fe_3O_4 + O_2 = 6\gamma\text{-}Fe_2O_3$$

在这一阶段,化学过程占优势,不发生晶型转变(都属立方晶系),只是由 Fe_3O_4 氧化成 Fe_2O_3,即生成有磁性的赤铁矿。

第二阶段(温度大于 400℃):

$$\gamma\text{-}Fe_2O_3 = \alpha\text{-}Fe_2O_3$$

由于 $\gamma\text{-}Fe_2O_3$ 不是稳定相,在较高温度下晶体会重新排列,而且氧离子可能穿过表层直接扩散。这个阶段,晶型转变占优势,从立方晶系转变为斜方晶系,$\gamma\text{-}Fe_2O_3$ 转化成 $\alpha\text{-}Fe_2O_3$,磁性也随之消失。但是此阶段的温度范围和第一阶段的产物随磁铁矿的类型不同而不同。

5.2.2.2 磁铁矿氧化对球团强度的影响

磁铁矿球团在预热阶段氧化时重量增加,经过一段时间后达到恒重,而且在氧化过程中,随着温度的升高,抗压强度持续提高。这是因为磁铁矿球团在空气中焙烧时,在较低温度下,矿石颗粒和晶体的棱边、表面就已生成赤铁矿初晶。这些新生成的晶体活性较大,它们在相互接触的颗粒之间扩散,形成晶键,促进球团强度提高,如图 5-8 所示。

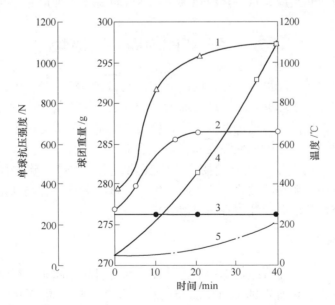

图 5-8 氧化温度与时间对干球强度的影响

1—气流温度;2—磁铁矿球团重量;3—赤铁矿球团重量;4—磁铁矿球团强度;5—赤铁矿球团强度

磁铁矿球团氧化是从球表面开始的,最初表面氧化生成赤铁矿晶粒,而后形成双层结构,基本上是一个赤铁矿的外壳和磁铁矿核,氧穿透球的表层向内扩散,使内部进行氧化。氧化速度随温度升高而增加。在氧化时间相同的情况下,随着温度的升高,氧化度增加,如图5-9所示。但是为了保持球壳有适当的透气性,必须严格控制升温速度。若升温速度过快,在球团未完全氧化之前就发生再结晶,球壳变得致密,核心氧化速度将下降。并且温度高于900℃时,磁铁矿发生再结晶或形成液相,导致氧化速度进一步下降。为此必须有使球团完全氧化的最佳温度和升温速度。

对采用微细粒磁铁矿制成的生球来说,加热速度过快时,外壳收缩严重,使孔隙封闭,一方面妨碍内层氧化,另一方面由于收缩应力的积累引起球表面形成小裂纹。这种小裂纹在焙烧过程中很难消除。

在焙烧的球团中,有时会出现同心裂纹,它是导致球团强度下降的主要原因。同心裂纹产生于已氧化的外壳和未氧化的磁铁矿之间。因为当氧化在已氧化的外壳和未氧化的磁铁矿

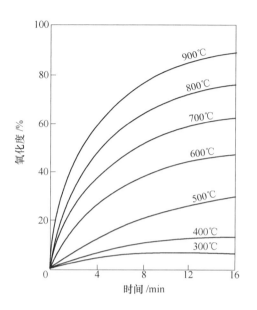

图 5-9 非熔剂性球团的氧化性

间进行,并沿着同心圆向前推进时,如果温度过高,外壳致密,氧难以继续扩散进去,内部磁铁矿再结晶,渣相熔融收缩离开外壳,使两种不同的物质间形成同心裂纹。

磁铁矿氧化属放热反应,这一热源在预热和焙烧过程中应加以考虑与利用。

任务 5.3 球团的固结与焙烧

经过干燥的生球,强度虽有一定程度的提高,但仍难以满足高炉冶炼的要求,必须对其进行焙烧固结作业。生球的焙烧固结是球团生产过程中最为复杂的一道工序,对球团矿生产起着很重要的作用。生球通过在低于混合物熔点的温度下进行高温焙烧可使其发生收缩并致密化,从而具有足够的机械强度和良好的冶金性能。

球团在高温焙烧时会发生复杂的物理化学变化,如碳酸盐、硫化物、氧化物等的分解、氧化和矿化作用,矿物的软化、液相的产生等。这些变化过程与球团本身的性质、加热介质特性、热交换强度以及控制升温速度有关。

5.3.1 球团固结机理

一般认为,生球焙烧时可能发生的下述过程,都将引起球团矿的固结反应:磁铁矿氧化成 Fe_2O_3 及磁铁矿氧化所得的 Fe_2O_3 晶粒的再结晶;磁铁矿晶粒的再结晶;赤铁矿中 Fe_2O_3 的再结晶;黏结液相的形成及原子的扩散过程等。球团在焙烧时,随生球的矿物组成与焙烧制度的不同将有不同的固结方式。

5.3.1.1 磁铁矿球团的焙烧固结方式

磁铁矿是生产球团矿的主要原料,在不同的气氛下进行焙烧时,可能有以下五种固结方式:

(1) Fe_2O_3 微晶键连接（晶桥连接）。磁铁矿球团在氧化气氛中焙烧，当温度加热到 200~300℃时，氧化首先在磁铁矿颗粒表面与裂缝中进行，随着温度的升高，氧化过程加速，逐渐由表面向内部发展，生成 Fe_2O_3 微晶，由于新生成微晶中的原子具有很高的迁移能力，加速了微晶的生长，随着各个磁铁矿颗粒接触点处微晶的长大，在颗粒之间形成了"连接桥"，又称 Fe_2O_3 微晶键连接，如图 5-10（a）所示，这种固结形式使球团矿的强度有一定程度的提高。但在 900℃以下的温度下焙烧时，Fe_2O_3 微晶长大非常有限，所以单靠这种固结形式，球团矿的强度尚不能满足高炉冶炼的需要。比如，直径为 15mm 的生球，在 900℃下焙烧，其单球抗压强度仅为 150~300N。

(2) Fe_2O_3 的再结晶长大连接。Fe_2O_3 的再结晶长大连接是铁精矿氧化球团固相固结的主要形式，一般认为是前一种固结反应的继续与发展。当磁铁矿球团在氧化气氛中继续加热到 900~1100℃以上时，绝大部分的 Fe_3O_4 就会氧化为 Fe_2O_3，这个反应是放热反应，可以提高球团内部的温度，使得氧化生成的 Fe_2O_3 的活性更高，并发生结晶长大，从而成为互相紧密连接成一片的赤铁矿晶体，如图 5-10（b）所示，球团的强度大大提高。例如，将直径为 25mm 的生球在 1200~1300℃下焙烧 20min 后，其单球抗压强度达到 1250~1550N 以上，但当温度达到 1300℃以上时，Fe_2O_3 将发生分解，会降低第二种连接方式所具有的强度。

(3) Fe_3O_4 的再结晶与晶粒长大。在中性或还原性气氛中焙烧磁铁矿球团时，温度达到 900℃后，磁铁矿晶粒也将开始发生再结晶，通过晶粒扩散产生 Fe_3O_4 微晶键连接，随着温度的升高，Fe_3O_4 继续发生再结晶与晶粒长大，使球内磁铁矿颗粒结合成一个整体，如图 5-10（c）所示。

由于 Fe_3O_4 的再结晶速度比 Fe_2O_3 要慢，因此以这种方式固结的球团矿强度要比第二种低。它不是我们所需要的理想固结方式。在实际生产中，应采用适当的焙烧制度，尽量避免形成还原性或中性气氛，以保证 Fe_3O_4 的充分氧化和 Fe_2O_3 的再结晶长大。

(4) 液相固结。当用含较高 SiO_2 的磁铁精矿粉生产酸性球团矿时，如果在 1100~1200℃的中性或弱还原性气氛中焙烧，由于 Fe_3O_4 未氧化，它可与 SiO_2 作用生成低熔点的 Fe_2SiO_4 液相，Fe_2SiO_4 又与 SiO_2 及 FeO 作用，生成熔点更低的固溶体，它们在焙烧时熔化为 $FeO-SiO_2$ 液相体系，冷却时以液相固结方式把生球中的矿粒黏结起来。生成的反应

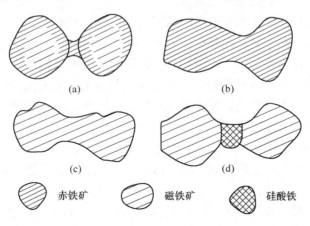

图 5-10 磁铁矿生球焙烧时颗粒间所发生的各种连接形式

方程式如下：

$$2Fe_3O_4 + 3SiO_2 + 2CO = 3Fe_2SiO_4 + 2CO_2$$

$$2FeO + SiO_2 = Fe_2SiO_4$$

当用含较高 SiO_2 的磁铁精矿粉生产酸性球团矿时，如果在1300℃以上的氧化气氛中进行焙烧，由 Fe_3O_4 氧化生成的 Fe_2O_3 也会部分发生分解形成 Fe_3O_4，而与 SiO_2 作用生成 Fe_2SiO_4 液相连接。Fe_2SiO_4 在高炉中属于难还原的物质，而且在冷却过程中难结晶，常形成强度不高的玻璃质，因此 Fe_2SiO_4 液相固结不是良好的固结方式。

当用磁铁精矿粉生产熔剂性球团矿时，如果在1100~1300℃的强氧化性气氛下进行焙烧，由于加入了一定数量的CaO，则生成铁酸钙体系的液相。这种液相生成速度快，熔点低，其熔化温度为1205~1226℃，还原性与强度都较好。

若在局部还原性或中性气氛下焙烧，则可能出现钙铁橄榄石液相，其熔化温度与上述相近；若用高 SiO_2 精矿粉生产熔剂性球团矿，并在中性或弱氧化性气氛条件下焙烧，在温度达到1300~1500℃时，还可能出现硅酸钙液相体系的化合物或共熔体。

由此可见，随着原料条件和焙烧条件的不同，将产生几种不同的液相体系，这些液相少量存在时，可将固体矿粉颗粒润湿，并在表面张力作用下将其拉近，结果使球团矿隙度减小，体积收缩，结构致密化；同时由于液相的存在，可加快微晶的长大速度，提高球团矿的强度，因而液相对球团矿的固结是有利的，这种靠液相冷凝时将生球中各矿粒黏结起来的形式又称为渣键连接，如图5-10（d）所示。但必须指出的是，如果过早出现液相会使磁铁矿氧化不完全，而液相的数量过多时又会阻碍氧化铁颗粒直接接触，从而影响再结晶；液相过多，还会产生大气孔，并由于某些液相结晶能力弱，形成玻璃质，使结构变脆，降低球团矿的强度与还原性。生产中尤其应避免出现过多的硅酸铁和硅酸钙液相。

5.3.1.2 赤铁矿球团的焙烧固结方式

赤铁矿用于生产球团矿的时间比磁铁矿的晚，也不如磁铁矿广泛，因而对其固结机理的研究也没有前者深入。总的看来，赤铁矿在焙烧固结中的变化较简单，但比磁铁矿球团的固结更困难。

赤铁矿球团的固结一般认为有三种方式：

（1）Fe_2O_3 再结晶。较纯的赤铁精矿球团在氧化气氛中焙烧时，赤铁矿晶粒在900℃开始再结晶，随着温度的升高，晶粒逐渐长大，球团强度提高。但这是一种简单的再结晶过程，比磁铁矿球团固结要困难。因为与磁铁矿球团焙烧固结相比，赤铁矿在氧化气氛中不会氧化，不能放热，不发生晶型转变，其原子的活动能力也比氧化新生成的赤铁矿弱。有人曾用含 Fe_2O_3 99.7%的赤铁矿球团进行试验，在氧化气氛中焙烧时发现，赤铁矿颗粒焙烧至1270℃，强度几乎与生球一样，但当温度升至1290℃并保持一定时间时，其抗压强度由单球2.94N激增至49.3N，这表明赤铁矿在此温度下才发生再结晶长大固结。图5-11的赤铁矿晶粒变化也说明了这一点。因此在工业生产中赤铁矿球团的焙烧温度都控制在1300℃左右。

（2）Fe_3O_4 再结晶。在还原性气氛中焙烧赤铁矿生球时，Fe_2O_3 将还原成 Fe_3O_4 和 FeO，加热到900℃后，产生 Fe_3O_4 再结晶使球团固结。

（3）液相固结。当生球中含有一定数量的 SiO_2 时，在中性和还原性气氛中焙烧，温度达到 900℃ 以上后，可能出现 Fe_2SiO_4 液相产物；若用赤铁矿粉生产熔剂性球团矿，氧化气氛下，当焙烧温度达到 600℃ 以后，就有铁酸钙等低熔点固相产物生成，温度升高到 1200℃ 左右时，这些低熔点物质相继熔化，使矿粉颗粒润湿，在球团冷却时将其固结起来。

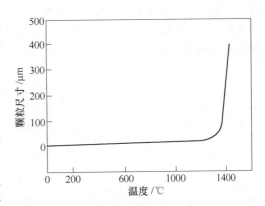

图 5-11 焙烧温度对赤铁矿颗粒尺寸的影响
（$w(Fe_2O_3) = 99.7\%$）

在不同的原料和焙烧条件下，球团矿的这些固结形式可能会有几种同时发生，但将以一种固结方式为主。就球团矿的质量而言，以磁铁矿氧化后生成 Fe_2O_3 再结晶长大连接，辅以铁酸钙液相固结为最好，它使球团矿具有强度高、还原性好的冶金性能。

根据以上分析和生产实践，球团生产中提出了"晶相为主体，液相为辅助，发展赤结晶，重视铁酸钙"的固结原则，要实现这一原则，在操作上总结如下经验："九百五氧化，一千二长大，一千一不下，一千三不跨。"

所谓"九百五氧化"，就是把温度控制在 950℃ 左右，并且配合氧化气氛（即大风量），使磁铁矿有充分的氧化条件变成赤铁矿。"一千二长大"，即当磁铁矿充分氧化成赤铁矿后，把温度提高到 1200℃ 左右，以保证赤铁矿晶粒再结晶长大。"一千一不下"，即如果低于 1100℃，赤铁矿晶粒就不容易产生再结晶长大，所以不能低于 1100℃。"一千三不跨"，即磁铁矿氧化成赤铁矿，如果温度在 1300℃ 以上，就会重新发生分解，因此焙烧温度不能超过 1300℃。我国目前生产上采用的磁铁精矿多为高硅质，生球的熔点低，因此焙烧的适宜温度一般在 1150~1200℃。

5.3.2 影响球团矿焙烧固结的因素

影响球团焙烧固结的因素可归纳为原料特性、燃料性质、生球质量与尺寸及焙烧制度四个方面。

5.3.2.1 原料特性

原料特性包括铁精矿类型、铁精矿的粒度、添加物、精矿粉中的硫含量等内容。

磁铁精矿和赤铁精矿是生产球团矿所用的铁精矿粉，由于磁铁精矿粉在氧化气氛中焙烧时能发生氧化、放热和晶型转变，而赤铁矿没有这种变化，因此磁铁矿生球焙烧时所需的温度和热耗都较低，更易于焙烧固结，球团矿的质量也较好。而赤铁矿生球的焙烧全部靠外界供热，要求的焙烧温度高，范围窄（除熔剂性球团外，要控制在 1300~1350℃ 之间），故球团矿的强度不及磁铁矿球团。

铁精矿的粒度影响是比表面积的大小，它影响铁矿粉的氧化和固结。粒度细，比表面积大，有利于磁铁矿的迅速氧化；且粒度细时，表面的晶格缺陷多，活性强，对固结反应有利，如图 5-12 所示。

对于添加物石灰石、消石灰来说，由于它们都含有 CaO，在氧化气氛中焙烧时，可生成铁酸钙、硅酸钙的液相体系。这样，一方面有利于矿粉颗粒的黏结，另一方面，液相的存在还有利于单个结晶离子的扩散，从而促进晶粒的长大，提高球团矿的强度，更重要的是改善球团矿的冶金性能，如图5-13所示。

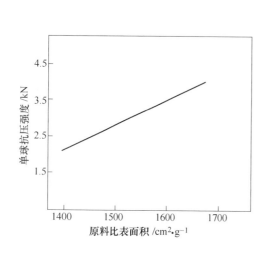 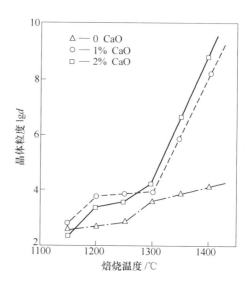

图5-12 原料比表面积对球团矿抗压强度的影响　　图5-13 氧化钙和焙烧温度对赤铁矿晶粒长大的影响

对添加物白云石来说，由于它含有MgO，在高温焙烧时可与铁氧化物生成稳定的镁铁矿（$MgO \cdot Fe_2O_3$）和镁磁铁矿[$(Mg \cdot Fe)O \cdot Fe_2O_3$]等含镁物质，阻碍了难还原的铁橄榄石和钙铁橄榄石的形成，促进了矿粉颗粒之间的黏结，提高了球团矿的软化温度和高温还原强度。和石灰熔剂性球团矿相比，白云石熔剂性球团矿具有较低的还原膨胀率、较高的软化熔化湿度及较小的还原滞后性等优良性能。

不过，添加物过多，会使矿粉颗粒互相隔离，妨碍铁氧化物的再结晶与晶粒长大，会使液相生成过多而破坏焙烧作业，降低球团矿的软化温度，影响球团矿的强度，会使焙烧后的球团矿中自由的CaO增多，因此生产中应通过试验确定其用量，以获得最佳的焙烧效果。

必须强调指出，熔剂添加物的粒度对球团矿强度也有很大影响。石灰石粒度越小，焙烧时分解和矿化作用越完全，越有利于铁酸钙的形成和游离CaO白点的清除。这对提高球团矿的强度是有重要作用的。

精矿粉中硫含量的高低也会影响球团矿的焙烧固结。精矿粉中硫含量偏高时，由于氧对硫的亲和力比对铁的要大，因此硫比铁先氧化，这样就容易阻碍磁铁矿的氧化，同时氧化产生的含硫气体在向外扩散时，不仅会阻隔氧向球核的扩散，而且妨碍颗粒的固结，最终影响球团矿的强度。因此要求精矿粉中硫含量一般不超过0.5%。试验表明，当磁铁精矿含硫量为0.3%时，其非熔剂性球团矿在氧化到11min时，氧化度即可达到98.4%，单球强度达到1960N；同样条件下，采用含硫量为0.98%的磁铁精矿粉制得的球团焙烧时，直到21min，其氧化度才达到93%，单球强度为882N。含硫球团焙烧时间与球团矿的强度、氧化度和脱硫率的关系如图5-14所示。

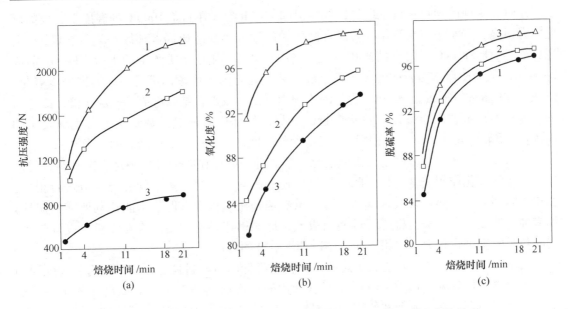

图 5-14 含硫球团焙烧时间与球团矿的抗压强度、氧化度和脱硫率的关系
1,2,3—精矿中硫含量分别为 0.31%、0.52%、0.98%

5.3.2.2 生球质量

生球质量是影响焙烧固结的先决条件。生球强度高、热稳定性好、破裂温度高，可防止生球在高温焙烧时破裂，有利于改善成品球团矿的质量。而有裂纹的生球将影响球团焙烧的作业，最终导致球团质量降低。

生球的尺寸可影响生球的氧化和固结速度。由于球团的加热时间与球团直径的 1.4 次方成正比，且球团的氧化和还原时间与球团直径的平方成正比，因此生球的粒度过大，将延长焙烧时的加热时间，并使氧气难以进入球团内部，从而导致球团的氧化和固结进行得不完全，最终降低生产率与焙烧质量。特别是生产赤铁矿球团时，全部热量均需外部提供，粒度过大的生球会使内部难以达到要求的温度而形成夹生。适宜的生球粒度一般为 9~16mm。在满足冶炼要求的前提下，球团粒度小些，对焙烧一般是有利的。

5.3.2.3 燃料的性质

球团在高温焙烧时，既可采用气体或液体燃料（如重油、煤气），又可采用固体燃料煤粉和焦粉。燃料的种类和性质直接影响焙烧时的温度水平和焙烧水平。

采用气体或液体作为焙烧燃料时，由于它们具有易于调节和控制加热速度、燃烧温度水平以及焙烧气氛的优点，因此可获得较好的焙烧效果。采用固体燃料时，在焙烧过程中有一些缺点需要克服。

煤粉对生球固结过程的影响，随生球的化学组成而不同。在煤粉着火前的焙烧开始期，气体中的氧较易穿过煤层进入生球并使磁铁矿氧化。但由于此时温度不高，磁铁矿的氧化经常不超过 50%。当煤粉着火后，球层中的温度急剧上升，通过球层的氧基本上消耗在煤的燃烧上。虽然温度升高，但妨碍磁铁矿颗粒的完全氧化，磁铁矿的氧化速度却减慢了。此时，生球的加热变得不均匀，较易引起生球开裂。在高于1000℃的温度下，煤的反应能力很高，以至于在铁氧化物与煤直接接触的地方容易造成局部还原性气氛，Fe_2O_3会还原成Fe_3O_4和FeO。如果精矿中含有较多的SiO_2，则将与新产生的FeO、Fe_3O_4形成Fe_2SiO_4，从而使得球团表面熔化，黏结成大块，完全阻止生球内部Fe_3O_4的进一步氧化。留在生球内部的Fe_3O_4随着SiO_2含量的不同而不同，或者再结晶生成Fe_3O_4连接，或者与SiO_2作用生成液相固结形式。随着煤粉的燃尽，气体中游离氧的数量增加，生球表层的Fe_3O_4又重新氧化成Fe_2O_3，在球团的表层颗粒之间产生Fe_2O_3的再结晶固结形式。

焦粉作为固体燃料，除了着火温度比煤粉高外，同样在燃烧时会妨碍磁铁矿颗粒的氧化，甚至使氧化作用完全停止。此外如果焦粉周围氧量不足，焦粉的燃烧反应进行很慢，在单位时间放出的热量就低，以至于有时虽然焦粉用量很大，但仍未能达到所需的温度。如果抽风速度过大，焦粉将燃烧得相当激烈，球团迅速熔化黏结，或者焦粉被废气带走，同时热量的损失也较大，球团表面急剧冷却影响球团强度。

当不得不使用固体燃料进行焙烧时，应通过降低固体燃料粒度，加强细磨、加强混匀等措施改善焙烧效果。目前，我国在开发利用固体燃料焙烧新工艺方面已取得了一些成绩，有些球团厂已部分或全部使用固体燃料。作燃料用的固体炭有内配和外燃两种方式，球团内配燃料对磁铁矿球团的焙烧不合适，会使球团质量下降。利用内配燃料焙烧赤铁矿球团时，配加0.5%～1.0%的碳，能节省焙烧用燃料。我国一些小铁厂用内配碳焙烧球团时发现，这类球团具有双层结构，外层为球团矿结构，内层为烧结矿结构，使用效果也很好。若将焦、煤粉同熔剂混磨均匀生产内配球团，可防止球层产生局部高温和还原性气氛。固体燃料的外燃方式有两种。一种是同油或气体燃料混合燃烧，另一种是将固体燃料喷入带式焙烧机鼓风冷段上方的回热罩内燃烧，以获得高温烟气，节省油耗。

采用固体燃料焙烧球团时，为了使表层生球表面的煤粉燃烧，必须进行点火，点火温度与点火时间对球团矿质量有一定影响。点火温度过高，会引起表层球团黏结，透气性变差，焙烧不均匀；点火温度太低则表层球团焙烧不好。点火时间取决于高温保持时间和点火温度。实验表明，点火温度为1170℃时，点火时间需要5min。

5.3.2.4 焙烧制度

球团的焙烧制度对球团矿固结有显著影响。焙烧制度包括焙烧温度、加热速度、高温保持时间、气氛性质和冷却方式。

A 焙烧温度

一般来说，焙烧温度越低，焙烧过程中发生的物理化学反应就越慢，越不利于球团的焙烧固结。随着焙烧温度的提高，磁铁矿氧化就越完全，赤铁矿与磁铁矿的再结晶与晶粒长大的速度就越快，焙烧固结的效果也逐渐显著。球团强度与焙烧温度之间的关系如图5-15所示。适当提高球团的焙烧温度，可缩短焙烧时间，提高球团矿的强度和质量。

合适的焙烧温度也与原料条件有关，赤铁矿

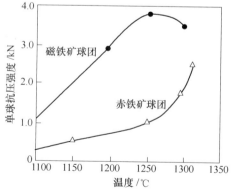

图5-15 球团强度与焙烧温度的关系

的焙烧温度比磁铁矿高,高品位精矿粉可以采用比低品位精矿粉更高的焙烧温度而不渣化。

从设备条件、设备使用寿命、燃料和电力角度出发,应尽可能选择较低的焙烧温度,因为高温焙烧设备的投资与消耗要高得多。然而降低焙烧温度也是有限制的,焙烧的最低温度应足以在生球的各颗粒之间形成牢固的连接。

实际选择的焙烧温度,通常是兼顾各因素考虑的结果。在生产高品位、低 SiO_2 的酸性球团矿时,焙烧温度可达 1300~1350℃;生产熔剂性磁铁矿球团时,焙烧温度范围是 1150~1250℃;焙烧赤铁矿球团时,温度在 1200~1300℃ 之间。

B 加热速度

球团焙烧时的加热速度可以在 57~120℃/min 的范围内波动,它对球团的氧化、结构、常温强度和还原后的强度均能产生重大影响。加热速度低,可以均匀加热,减少裂纹,使氧化过程更完全,但不利于提高生产率。加热速度过快时,将导致以下不良后果:

(1) 快速加热时,磁铁矿生球内部的 Fe_3O_4 在来不及完全氧化时就会与 SiO_2 结合成 Fe_2SiO_4 液相,阻碍内部颗粒与氧接触,这样,Fe_3O_4 因氧化不完全会形成层状结构。

(2) 升温过快时,会使球团各层温度梯度增大,从而产生差异膨胀并引起裂纹。

由于快速加热而生成的层状结构球团,在受热冲击和断裂热应力时产生的粗大或细小裂缝,往往以最高温度长时间保温(24~27min)也不能将其消除。因此加热速度过快,球团强度变差。实验证实,当球团矿加热速度由 120℃/min 减小到 57~80℃/min 时,在球团总的焙烧时间相同的情况下,高温焙烧时间虽然缩短了 10~16min,但成品球团的常温强度却由 1050N/个提高到 1330N/个。在最高温度为 1200℃ 时,单球常温强度可由 862N 增加到 2176N;而最高焙烧温度为 1300℃ 时,可使单球常温强度由 882N 增加到 3234N。球团矿的加热速度还在很大程度上影响还原后的球团矿强度。最适宜的加热速度应由实验确定。

C 高温保持时间

高温保持时间指的是球团矿升温到最高焙烧温度至温度开始下降这段时间范围。适当延长高温保持时间,可使氧化和再结晶过程进行得更完全,从而提高球团矿的强度。但高温保持时间过长,不仅降低产量,而且产生过熔黏结现象。适宜的高温保持时间与焙烧温度、气流速度有关。一般来说,在较高的温度条件下,高温保持时间可短些;较低的焙烧温度下,保持时间要长些。但过低的焙烧温度下,即使任意延长焙烧时间,也达不到最佳焙烧温度下的强度。鞍钢磁铁精矿球团的焙烧试验表明,焙烧温度为 1150℃ 和 1200℃ 时,合适的高温保持时间分别为 10min 和 15min。适宜的高温保持时间要靠试验来确定。

D 焙烧气氛的影响

焙烧气氛的性质对生球的氧化和固结程度影响很大。焙烧气氛的性质以气流中燃烧产物的自由氧含量决定:氧含量大于 8%,为强氧化气氛;氧含量在 4%~8% 之间,为正常氧化气氛;氧含量在 1.5%~4% 时,为弱氧化性气氛;在氧含量为 1%~1.5% 时,为中性气氛;氧含量小于 1%,为还原性气氛。

对于磁铁矿球团,只有在氧化气氛中焙烧时,才能使 Fe_3O_4 顺利氧化为 Fe_2O_3,并获得赤铁矿再结晶的固结方式,因而得到良好的焙烧效果。同样在氧化气氛中焙烧熔剂性球团矿，除了赤铁矿再结晶长大固结外，还得到铁酸钙液相固结，对改善球团矿强度与还原性都是有意义的。而在中性或还原性气氛中焙烧时，则主要得到磁铁矿再结晶与硅酸钙或钙铁橄榄石液相固结形式，其强度与还原性都比前者要差。

焙烧赤铁矿球团时，因不要求铁氧化物晶粒氧化，气氛性质可以放宽，但应避免还原性气氛，以免赤铁矿被还原。

焙烧气氛的性质与燃料有关。采用高发热值的气体或液体燃料时，可根据需要调节助燃空气与燃料的配比，从而灵活方便地控制气氛性质与温度，而用固体燃料时，则不具备这一优点。

5.3.2.5 冷却速度

炽热的球团矿必然造成劳动条件恶劣、运输和储存困难以及设备的先期烧损，故必须进行冷却。同时冷却也是为了满足下一步冶炼工艺的要求。此外，在带式焙烧机上的球团矿冷却，将能有效地利用废气热能，节省燃料。

冷却速度是决定球团矿强度的重要因素之一。快速冷却将增加球团矿破坏的温度应力，降低球团矿质量。试验指出，经过1000℃氧化和1250℃焙烧的磁铁矿球团，以5（随炉冷却）~100（用水冷却）℃/min的不同速度冷却到200℃，其结果是：冷却速度为70~80℃/min时，球团矿强度最高，如图5-16（a）所示。当冷却速度超过最适宜值时，由于球团结构中产生极限应变引起焙烧球团中所形成的黏结键破坏，球团矿的抗压强度降低。当球团以100℃/min的速度冷却时，球团矿强度与冷却球团矿的最终温度成反比，如图5-16（b）所示。用水冷却时，球团矿抗压强度从单球2626N降低到1558N，同时粉末粒级

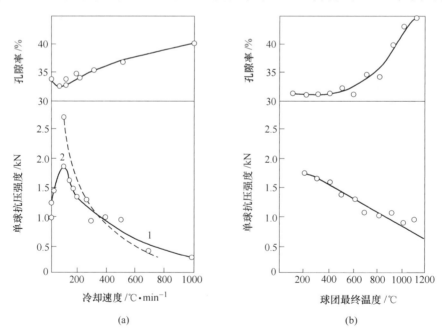

图5-16 冷却速度和球团最终温度对球团矿强度的影响
(a) 冷却速度对球团强度的影响；(b) 球团最终温度对球团矿强度的影响
1—实验室实验；2—工业实验

含量增加 3 倍。工业生产中，为了获得高强度的球团矿，带式焙烧机应以 100℃/min 的速度冷却到尽可能低的温度，进一步冷却应该在自然条件下进行，严禁用水或蒸汽冷却。

除上述这些固结机理之外，有学者又提出一种原子扩散和黏性流动固结的说法。这是因为在研究中发现，磁铁矿生球焙烧时（1100～1300℃），Fe_2O_3 晶粒再结晶的晶粒长大不明显（晶粒尺寸由 13μm 长至 16μm），但是这时的球团矿强度却从 500N/个确提高到 2000～3000N/个。同时在 1140℃±10℃ 焙烧高硅赤铁矿球团时，对固结良好的球团矿进行显微观察，发现原赤铁矿颗粒清楚可辨，颗粒之间结合紧密，有固体扩散现象；颗粒间无同化作用，没有 Fe_2O_3 再结晶键的连接，颗粒之间也只有少量的硅酸盐熔体形成液态连接，故认为这是由于扩散过程和黏性流动过程引起了球团的固结。

任务 5.4　链箅机—回转窑焙烧

5.4.1　工艺

链箅机—回转窑焙烧球团法（如图 5-17 所示）的特点是将生球先置于移动的链箅机上，生球在链箅机上处于相对静止状态，在这里进行干燥和预热，然后再送入回转窑内。球团在窑内不停地滚动，进行高温固结，生球的各个部位都受到均匀的加热。由于球团矿在窑内不断滚动，使球团矿中精矿颗粒接触得更紧密，所以焙烧效果好，生产的球团矿质量也好，适合处理各种铁矿原料。而且可以根据生产工艺的要求来控制窑内的气氛，这种方法不但可用于生产氧化性球团矿，而且还可以生产还原性（金属化）球团矿，以及综合处理多金属矿物，如氯化焙烧等。

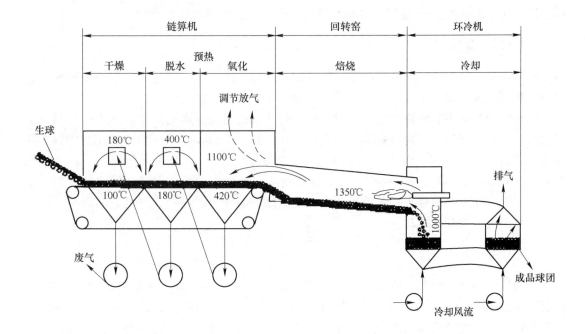

图 5-17　链箅机—回转窑工艺设备运转功能示意图

5.4.1.1 布料

链箅机的布料不用铺底料和边料,一般采用的布料机有两种,一种是梭式布料器,另一种是辊式布料器。梭式布料器布料时可以减少链箅机处的压力损失,提高链箅机的生产能力。辊式布料器布料对生球有筛分和再滚的作用。两种方法都能将生球均匀地布于运转的链箅机上。料层厚度一般为 150~200mm。

5.4.1.2 干燥和预热

布于链箅机上的生球,随着链箅机向前运动,生球受到来自回转窑层部高温废气的加热,依次干燥和预热,生球中的水分被脱除,球团内矿物颗粒初步固结,获得一定强度。根据球团原料性质的不同,炉罩和抽风箱分别可分为若干段和若干室。对于磁铁精矿和一般赤铁矿球团,采用两段式,即一段抽风干燥和一段抽风预热;对于褐铁精矿球团,可采用三段式,两段抽风干燥(第一段干燥、第二段脱水)和一段抽风预热;对于粒度极细、水分较高、热稳定性很差的球团,为避免抽风干燥时料层底部过湿,生球受压变形而导致球层透气性的恶化,可采用四段式,即第一段鼓风干燥,第二、第三段抽风干燥,第四段预热。

按风格分室有二室式和三室式两种,从而组成二室二段式(干燥段和预热段各一个抽风室)、二室三段式(第一干燥段用一个抽风室,第二干燥段和预热段合用一个抽风室)、三室三段式(一、二干燥段和预热段各有一个抽风室)和四段三室式(第一鼓风干燥段和预热段各用一个抽风室,第二、三抽风干燥段合用一个抽风室)等形式。

预热和干燥段气流是这样循环的:从回转窑尾部出来的高温废气(1000~1100℃),由预热抽风机抽入预热段对生球预热,再将预热段 250~450℃ 的废气抽入干燥段对生球进行干燥,最后废气温度降至 120~180℃ 排入大气,热能利用是比较充分的。

5.4.1.3 焙烧

将链箅机上已经预热好的球团矿,随即卸入回转窑内,这时它已经能够经受回转窑的滚动。在不断滚动过程中进行焙烧,因此温度均匀,焙烧效果良好。

回转窑卸料端装有燃烧喷嘴,喷射燃料燃烧,提供焙烧所需的热量。热空气与料流逆向运行,进行热交换。窑内焙烧温度一般控制在 1300~1350℃,回转窑所采用的燃料一般为气体燃料(如天然气、煤气)或液体燃料(如重油、柴油),也可采用固体燃料(如煤粉)。窑内的球团矿填充率为 6%~8%,球团进入回转窑内随筒体回转,球团被带到一定高度后下滑,在不断地翻滚和向前运动中,受到烟气的均匀加热而获得良好的固结,最后从窑头排出进入冷却机冷却。

5.4.1.4 冷却

从回转窑内排出的高温球团矿,卸到环式冷却机中进行冷却,温度为 1250~1300℃,料层厚度达 500~700mm,一般采用鼓风式冷却。冷却时球团矿得到进一步氧化,提高球团矿的还原性。冷却后球团矿温度降至 150℃ 以后,用胶带机运输送往高炉。冷却过程中把高温段冷却形成的高温废气(1000~1100℃)作为回转窑烧嘴的二次燃烧空气返回窑内;

低温段的热废气（400~600℃）则可供给链箅机作干燥介质用，这可大大提高热效率。

5.4.2 设备

链箅机—回转窑最初是水泥原料的焙烧设备，1960年开始在铁矿球团生产中应用。但其发展很快，现在世界上最大的单机年生产能力已达到400万吨。链箅机—回转窑的规格分别达 5.66m×64.24m（宽×长）和 ϕ7.62m×48.73m。它已成为仅次于带式焙烧机的主要球团焙烧设备。

链箅机—回转窑是一种联合机组，主体设备由链箅机、回转窑和冷却机三个独立的部分组成，如图5-18所示。链箅机与带式焙烧机结构大体相似，由链箅机本体、内衬、耐火材料的炉罩、风箱及传动装置组成。链箅机本体则由牵引链条、箅板、拦板、链板轴及星轮等组装而成，由传动装置带动，在风箱上运转。整个链箅机由炉罩密封，用于生球的干燥和预热。

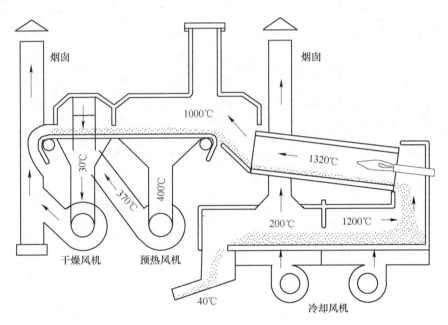

图5-18 链箅机—回转窑示意图

回转窑专用于对已预热的球团进行焙烧。其主体是用钢板焊接的圆形筒体，内衬230mm厚的耐火砖，安装倾斜度为3%~5%。筒体由传动装置带动做回转运动，转速一般为0.3~1.0r/min。窑头（排矿端）设有燃烧喷嘴，燃烧废气沿筒体向窑尾（进矿端）方向运动。回转窑在生球强度差、粉末多或操作不当时，窑内容易出现"结瘤"现象。在生产上处理回转窑结瘤的方法主要有两种：一种是在窑内安设移动的合金刮刀；另一种是用"火烧法"去瘤，即当出现结瘤时，加入过量的燃料把瘤烧化。前者材质不易解决，后者简便，无需特殊装备。另外，适当改变高温区有可能消除结瘤现象。

焙烧后的高温球团矿一般采用鼓风式环式冷却机冷却。国外有的厂进行球团矿的二次冷却，即在环式冷却机后还设有带式冷却机。冷却后球团矿经振动筛筛分，筛上成品球进入球团矿仓，筛下为返矿。

任务 5.5　带式焙烧

国内外广泛采用的烧结设备是带式烧结机。随着高炉大型化，烧结设备的大型趋势明显。德国及日本设计和生产了 1000m² 以上的烧结机。我国制造的各种型号的烧结机已经系列化，烧结厂各种主要设备已配套，见表 5-1。随着烧结技术的进步，国内烧结机将逐步淘汰小型烧结机，如 13m²、18m²，甚至 24m²、36m²，取而代之的是 180m²、265m²、300m²、450m² 等。

表 5-1　国内烧结机设备系列一览表

设备名称	项　目	单位	设　备　参　数							
烧结机	有效面积	m²	13	18	24	36	50	75	90	130
	有效宽×长	m	1.1×12	1.5×12	1.5×16	1.5×24	2×25	2.5×30	2.5×36	2.5×52
	尾部形式		链轮	链轮	链轮	链轮	链轮	链轮	链轮	链轮
抽风机	风　量	m³/min	1000	1600	2000	3500	4500	6500	8000	13000
	风　压	Pa	9000	9000	9500	10000	11000	11500	12000	12000
圆筒混料机	一次混料	mm	φ2000×5000	φ2000×5000	φ2800×6000	φ2800×6000	φ2800×7000	φ2800×7000	φ2800×7000	φ3000×9000
	二次混料	mm	φ2000×5000	φ2500×6000	φ2800×6000	φ2800×6000	φ2800×7000	φ3000×9000	φ3000×9000	φ3000×12000
圆盘给料机		mm	封闭 φ1000	封闭 φ1500	封闭 φ1500 (φ1800)	封闭 φ1500 (φ1800)	封闭 φ2000 (φ2300)	封闭 φ2500	封闭 φ2500	封闭 φ2500 (φ3000)
高温圆盘给料机		mm	φ2000	φ2000	φ2000	φ2000	φ2000	φ2000	φ2000	φ2000
布料设备		mm					梭式 800×3800	梭式 1000×3800	梭式 1000×3800	梭式 1200×4500
给料设备		mm					布料辊 φ128×7	布料辊 φ128×7	布料辊 φ128×7	
单辊破碎机		mm	剪切 φ1000×1300	剪切 φ1100×1860	剪切 φ1100×1860	剪切 φ1100×1860	剪切 φ1500×2500	剪切 φ1500×2800	剪切 φ1500×2800	剪切 φ1500×2800
热矿筛		mm	固定筛 1500×3000	振动筛 1500×4500	振动筛 1500×4500	振动筛 1500×4500	振动筛 2500×7500	振动筛 3100×7500	振动筛 3100×7500	振动筛 3100×7500
冷却设备		m²		环式 50	环式 50	环式 50	环式 90	环式 134	环式 134	环式 200
冷却风机	风　量	m³/min		3×2250	3×2250	3×4250	3×5400	3×5400	3×5400	3×7500
	风　压	Pa		60	60	60	60	60	60	60
多管除尘器	管		144	180	288	340	486	650	900	
烧结矿车		t					50	50	75	75

带式烧结机由烧结机本体和布料器、点火器、抽风除尘设备等组成，图 5-19 所示为烧结机示意图。

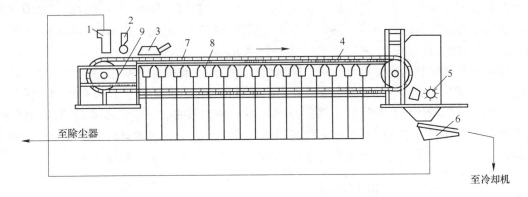

图 5-19　烧结机示意图

1—铺底料布料器；2—混合料布料器；3—点火器；4—烧结机；5—单辊破碎机；
6—热矿筛；7—台车；8—真空箱；9—机头链轮

5.5.1　烧结机本体

烧结机本体主要包括传动装置、台车、真空箱、密封装置。

5.5.1.1　传动装置

烧结机的传动装置主要靠机头链轮（驱动轮）将台车由下部轨道经机头弯道，运到上部水平轨道，并推动前面台车向机尾方向移动。如图 5-20 所示，链辊与台车的内侧滚轮相啮合，一方面台车能上升或下降，另一方面台车能沿轨道回转。台车车轮间距 a、相邻

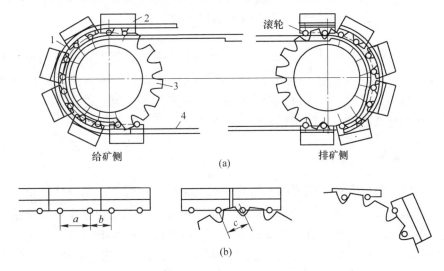

图 5-20　台车运动简图

(a) 台车运动状态；(b) 台车尾部链轮运动状态

1—弯轨；2—台车；3—链轮；4—导轨

两台车的轮距 b 和链轮的节距 c 之间的关系是 $a=c$，$a>b$。从链轮与滚轮开始啮合时起，相邻的台车之间便开始产生一个间隙，在上升及下降过程中，保持相当于 $a-b$ 的间隙，从而避免台车之间摩擦和冲击造成的损失和变形。从链轮与滚轮开始分离时起，间隙开始缩小。由于台车车轮沿着与链轮回转半径无关的轨道回转，因此，相邻台车运动到上下平行位置时，间隙消失，台车就一个紧挨着一个运动。

烧结机头部的驱动装置由电动机、减速机、齿轮传动和链轮等部分组成，机尾链轮为从动轮，与机头大小形状都相同，安装在可沿烧结机长度方向运动的并可自动调节的移动架上（如图 5-21 所示）。首尾弯道为曲率半径不等的弧形曲线，使台车在转弯后先摆平，再靠紧直线轨道的台车，以防止台车碰撞和磨损。移动架（或摆动架）既解决台车的热膨胀问题，也消除台车之间的冲击及台车尾部的散料现象，大大减少了漏风。

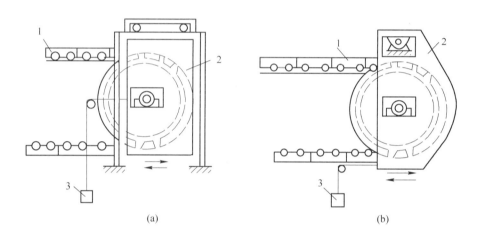

图 5-21 尾部可动结构
(a) 水平移动式尾部框架；(b) 摆动式尾部框架
1—台车；2—移动架或摆动架；3—平衡锤

旧式烧结机尾部多是固定的，为了调整台车的热膨胀，在烧结机尾部弯道开始处，台车之间形成一断开处，间隙为 200mm 左右，此种结构由于台车靠自重落到回车道上，彼此之间因冲击而发生变形，造成台车端部损坏，不能紧靠在一起，增加漏风损失；同时使部分烧结矿从断开处落下，还需增设专门漏斗以排出落下的烧结矿。

5.5.1.2 台车

带式烧结机是由许多台车组成的一个封闭式的烧结带，所以台车是烧结机的重要组成部分。它直接承受装料、点火、抽风、烧结直至机尾卸料，完成烧结作业。烧结机有效烧结面积是台车的宽度与烧结机有效长度的乘积。一般的长宽比为 12～20。

台车由车架、挡板、滚轮、箅条和活动滑板（上滑板）五部分组成。图 5-22 为国产 75m² 烧结机台车。台车铸成两半，由螺栓连接。台车滚轮内装有滚柱轴承，台车两侧装有挡板，车架上铺有三排单体箅条，箅条间隙 6mm 左右，箅条的有效抽风面积一般为 12%～15%。

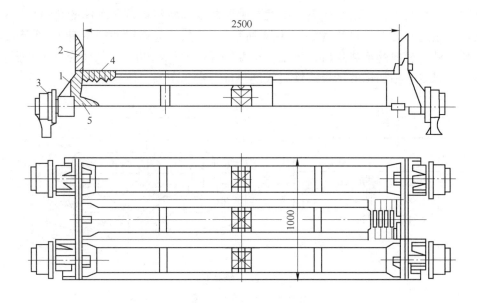

图 5-22　75m² 烧结机台车
1—车架；2—拦板；3—滚轮；4—箅条；5—滑板

台车的结构形式有整体、二体及三体装配三种形式（如图 5-23 所示）。通常宽度为 1.5～2m 的台车为整体结构，宽度为 2～2.5m 的台车多为二体装配结构，宽度大于 3m 的台车多采用三体装配结构。材质为铸钢或球墨铸铁。

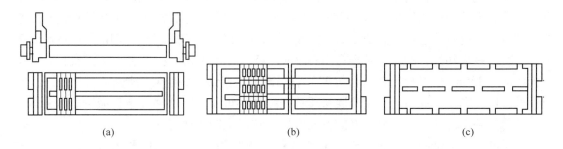

图 5-23　台车形式
(a) 三体装配；(b) 二体装配；(c) 整体结构

在烧结过程中，台车在倒数第二个（或第三个）风箱处，废气温度达到最高值，在返回下轨道时温度下降。所以台车在整个工作过程中，既要承受本身的自重、箅条的重力、烧结矿的重力及抽风负压的作用，又要受到长时间反复升降温度的作用，台车的温度通常在 200～500℃ 之间变化，将产生很大的热疲劳。因此要求台车车架强度好，受热不易变形，箅条形式合理，使气流通过阻力小，并保证抽风面积大，强度高，耐热耐腐。

台车寿命主要取决于台车车架的寿命。据分析台车的损坏主要由于热循环变化，以及与燃烧物接触而引起的裂纹与变形。此外还有高温气流的烧损，所以建议台车材质采用可焊铸铁或钢中加入少量的锰铬等。

由于烧结机大型化，台车宽度不断加大，防止台车"塌腰"已成为突出的问题。为解决这个问题，从改善台车的受热条件出发，采取减少箅条传给台车车体的热量，在台车车架横梁与箅条之间装上绝热片（如图5-24所示），绝热片与横梁间还留有3~5mm的空气层。安装铸铁类材料的绝热片后，可使台车温度降低150~200℃，从而降低由于温差引起的热应力。日本采用加钼的球墨铸铁制成绝热件与台车车架，效果很好。

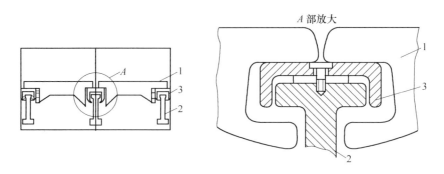

图5-24 绝热片
1—箅条；2—台车；3—绝热片

每一台车安有四个转动的车轮（滚轮），轮子轴使用压下法将轴装在车体上。车轮一般采用滚动轴承。轴承的使用期限是台车轮寿命的关键，其使用期限一般较短，主要原因是使用一段时间后，车轮的润滑脂被污染及流出，使阻力增大磨损加剧，现在用滑动轴承代替滚动轴承。

台车底是由箅条排列于台车架的横梁上构成的。箅条的寿命和形状对生产的影响很大。一般要求箅条材质能够经受住激烈的温度变化，能抗高温氧化，具有足够的机械强度。铸造箅条的材质主要是铸钢、铸铁、铬镍合金钢等。前苏联和日本几乎全部采用25铬系材料，效果甚好，不但箅条寿命可达2~3年，而且通风面积也扩大了。我国沈阳重型机械厂为130m²烧结机制造的台车箅条采用稀土铁铝锰钢，经攀钢烧结厂实践，生产8个月没有检修和更换箅条。使用普通材质箅条一般都短而宽，这种箅条会减少有效通风面积。目前箅条是向长、窄、材质好的方向发展，这对烧结生产有利。

箅条的形状对烧结生产有影响。前苏联曾对图5-25所示的三种箅条做了试验，一些数据见表5-2。其中箅条 c 阻力最小，为98Pa，风机压力损失仅为1%。箅条 a、b 阻力很高，相应为931Pa和735Pa，风机压力损失为8%~10%。

表5-2 箅条气体动力学特性

指　　标	箅　　条		
	c	b	a
箅条宽度/mm	32	30	40
当致密排列时箅条间隙/mm	6	6	6
实际间隙/mm	8.3	7.1	9.3
过滤速度0.52m/s时，箅条面阻力/Pa（mmH₂O）	98（10）	735（75）	931（95）
在箅条上风机压力损失/%	1.0	7.9	10.8
箅条面阻力系数	910	6800	8600

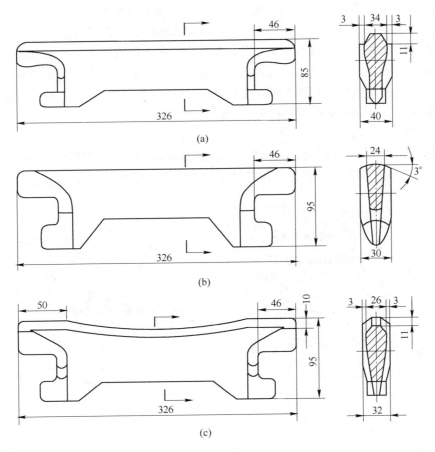

图 5-25 箅条形式及基本尺寸

5.5.1.3 真空箱

真空箱装在烧结机工作部分的台车下面，风箱用导气管（支管）同总管连接，其间设有调节废气流的蝶阀。真空箱的个数和尺寸取决于烧结机的尺寸和构造。

日本在台车宽度大于 3.5m 的烧结机上，风箱分布在烧结机的两侧，风箱角度大于 36°。400m² 以上的大型烧结机，多采用双烟道，用两台风机同时工作。

5.5.1.4 密封装置

台车与真空箱之间的密封装置是烧结机的重要组成部分。运行台车与固定真空箱之间的密封程度好坏，影响烧结机的生产率及能耗。风箱与台车之间的漏风大多发生在头尾部分，而中间部分较少，如图 5-26 所示。

新设计的烧结机多采用弹簧密封装置。

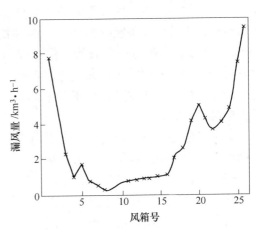

图 5-26 风箱的漏风量

它是借助弹簧的作用实现密封的。根据安装方式的不同分为上动式和下动式两种。

（1）上动式（如图5-27（a）所示）。上动式密封就是把弹簧滑板装在台车上，而风箱上的滑板是固定的。在滑板与台车之间放有弹簧，靠弹簧的弹力使台车上的滑板与风箱上的滑板紧密接触，保证风箱与大气隔绝。当某一台弹性滑板失去密封作用时，可以及时更换台车，因此使用该种密封装置可以提高烧结机的密封性和作业率。目前，这是一种较好的密封装置。一些老式烧结机也改为这种形式的密封。

（2）下动式（如图5-27（b）所示）。下动式密封是把弹簧装在真空箱上，利用金属弹簧产生的弹力使滑道与台车滑板之间压紧。这种装置主要用于旧结构烧结机的改造上。本钢和首钢的实践表明，该密封装置比水压胶管密封的使用寿命长，可达1年或更长时间。

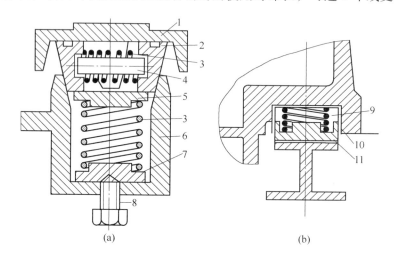

图 5-27　弹压式密封
（a）在滑道上的金属弹性滑道；（b）在台车上的弹性滑道
1—弹性滑板；2—游动板；3, 9—弹簧；4—固定销；5—上垫；
6—弹簧槽；7—下垫；8—调整螺丝；10—游板槽；11—游板

胶管水压式密封是烧结厂过去采用的一种密封装置（如图5-28所示），它是利用水的压力和胶管的弹性力，使胶管上的滑板与台车上的滑板紧密接触。最初是用并排两条水管压紧滑道，当其中一条胶管损坏后，弹性滑道倾斜，不仅失去密封作用，而且易于发生"赶道"事故，故改为一条胶管。但在烧结过程中，靠机尾的几个风箱和台车温度较高，此处粉尘又大，一般使用寿命不超过3个月，就会因胶管烧漏或老化而不起密封作用。对此生产中进行了一些改进，如滑道靠风箱一侧加一隔热水管，将头、中、尾三段胶管分开，单独通水等。

美国考伯公司所生产的台车，采用T形落棒式密封（如图5-29所示）。T形落棒采用铸钢件，滑道采用工具钢。为防止灰尘对落棒的影响，把滑道和落棒做成倾斜形式。

烧结机首、尾风箱的密封，是防止漏风的重要环节；为了提高首尾风箱的密封性，国内外做了大量工作，提出了许多方案，如将两端的密封板装在金属弹簧上，靠弹簧力顶住隔板与台车底面保持紧密接触。但因弹簧反复受冲击作用和高温影响，弹性逐渐下降，密封效果随之降低。

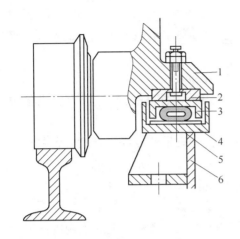

图 5-28 胶管水压式密封
1—台车；2—固定滑板；3—弹性滑板；
4—胶管；5—胶垫；6—风箱

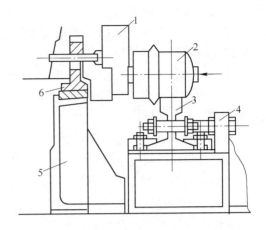

图 5-29 落棒式密封
1—台车体；2—车轮；3—导轨；4—导轨底座；
5—风箱；6—密封落棒

新型烧结机采用四连杆重锤式密封衬板石棉挠性密封装置，如图 5-30 所示。机头设 1 组，机尾设 1~2 组，密封板由于重锤作用向上抬起，与台车横梁下部接触。密封装置与风箱之间采用挠性石棉板等密封，可进一步提高密封效果。这种靠重锤和杠杆作用浮动支撑的方式，由于克服了金属弹簧因疲劳而失去弹性的缺陷，从而避免了台车与密封板的碰撞，比弹性密封效果好。也有的工厂在首尾风箱两端加一个"死风箱"充填石棉水泥，使台车底面与充填物接触来达到密封目的。

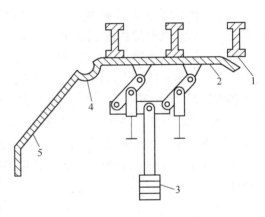

图 5-30 重锤连杆式密封
1—台车；2—浮动密封板；3—配重；
4—挠性石棉密封板；5—风箱

5.5.2 带式焙烧机

带式法焙烧球团矿是应用最普遍的一种方法。带式焙烧机的基本结构与带式烧结机相似。中部是移动台车，台车由车体底架和侧部挡板组成。箅条嵌装在底架梁上，台车与风箱之间靠密封滑板密封结合。下部是固定风箱，风箱同大烟道和台车相连接。上部是焙烧机罩，它构成供热和供风系统，该系统用于向球团料层内输送所需的干燥、焙烧以及冷却用的工艺气流。

带式焙烧机的全部热处理过程都集中在带式机进行，一般沿焙烧机整个长度依次可分为干燥、预热、焙烧、均热和冷却等五个区域。焙烧过程中球团料层始终处于相对静止状态。带式焙烧机的主要特点有：

(1) 生球料层较薄，既可避免料层压力负荷过大，又可保持料层的均匀透气性。
(2) 工艺气流以及料层透气性所产生的任何波动只影响到一部分料层。随着台车水平移动,这些波动可很快消除。

(3) 风箱的分配方式以及风箱同台车可以密封,这就使得能够适当地划分成不同温度流量和流向的各个工艺分段。

(4) 可以往料层上部炉罩内引入不同温度的工艺气流和大气。

(5) 可以采用各种不同的燃料和不同形式的烧嘴,因此燃料种类的选择有很大的灵活性。

(6) 工艺参数有一定变动范围,可以在保证球团矿良好质量的前提下针对各种各样矿石的球团提供最佳焙烧条件。

(7) 积极回收利用焙烧球团的显热,球团焙烧耗热量较低。

(8) 通过制造大型带式焙烧机,可以使单机球团产量较高。

在带式焙烧机上可以使固体燃料、气体燃料和液体燃料作为热源。全部采用固体燃料时,将固体燃料粉末附在生球表面,经点火燃烧,供给焙烧所需要的热量。也可全部使用气体或液体燃料,在台车上部的机罩中燃烧,产生的高温废气被下部的抽风机抽过球层进行焙烧。还可以在使用气体燃料的同时,在生球表面黏附少量固体燃料。

工艺气流循环系统可采用鼓风式、抽风式或鼓风和抽风混合流程,如图 5-31 所示。目前先鼓风后抽风干燥的方式已被广泛采用。沿焙烧机长度方向分为鼓风干燥、抽风干燥、预热、焙烧、均热、鼓风冷却和抽风冷却等几段。各段之间通过管道、风机、阀门等组成一个气流循环系统。各段的长度大致比例为:干燥带占总长度的 18%~33%,预热、焙烧和均热段共占 30%~35%,冷却段占 33%~43%。各段的温度:干燥段不高于 800℃,预热段不超过 1100℃,焙烧段为 1250℃左右。带式焙烧机的气流循环方式、各段温度、气体流量和停留时间等参数,均可根据原料特性变更和调整。带式焙烧机冷却段多采用鼓风方式,可防止球团因骤冷而使强度降低,上部球团可受下部热气流的热处理使强度提高。

带式焙烧机布料系统由铺底料、边料和生球布料两部分组成。生球的布料系统由摆动

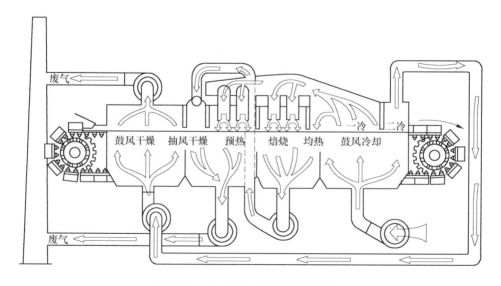

图 5-31 DL 型带式焙烧机风流系统

皮带、宽皮带和辊式布料器三部分组成。摆动皮带的摆动角度频率在一定范围可以调节，宽皮带运转速度较慢，1min 运动 18m，便于生球布料和减少生球转运时破损，如图 5-32 所示。辊式布料器除了均匀布料作用外，同时还起到筛分作用。为了使整个料层得到充分焙烧，防止台车被高温气流烧蚀，缩短台车寿命，在生球布料之前，先铺底料和边料，通过底、边溜槽及调节漏料嘴开口控制，如图 5-33 所示。带式焙烧机上球层的厚度一般为 400~550mm。为了适应焙烧机移动速度快、焙烧时间较短的特点，生球的粒度一般为 9~16mm。由于球层的透气性良好，带式焙烧机所采用风机的压力比带式烧结机要小。

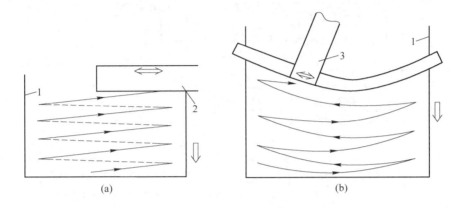

图 5-32 带式焙烧机生球布料示意图
(a) 梭式皮带机铺料；(b) 摆动皮带机铺料
1—宽皮带机；2—梭式皮带机；3—摆动皮带机
⇨ 宽皮带运动方向；⇔ 梭式或摆动皮带机往复或摆动方向；→ 生球铺料方向

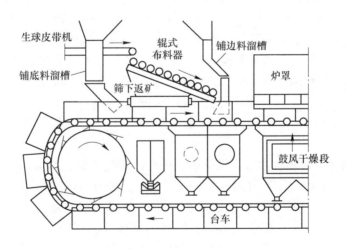

图 5-33 DL 型带式焙烧机生球、铺边料及铺底料系统

图 5-34 是我国包钢使用液体或气体燃料 162m² 球团焙烧机示意图。可以全部使用液体燃料，也可以使用气体燃料。带式焙烧机上依次为鼓风干燥区、抽风干燥区、预热及焙烧区、均热、一次鼓风冷却和二次鼓风冷却区。由于焙烧温度和气氛性质比较容易控制，因此适合不同原料（如赤铁矿球团、磁铁矿球团、混合矿球团）的焙烧。

为了提高热能利用率，利用鼓风冷却热球团矿。冷空气由冷却风机送入，经过冷却段

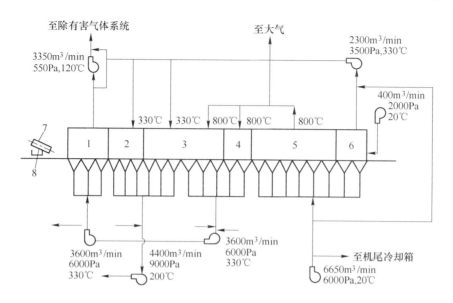

图 5-34 包钢 162m² 球团焙烧机示意图

1—干燥段(上抽,7.5m);2—干燥段(上抽,6m);3—预热焙烧段(700~1350℃,15m);
4—均热段(1000℃,4.5m);5—冷却一段(800℃,15m);6—冷却二段(330℃,6m);
7—带式给料机;8—铺边铺底料给料机

向上通过台车上的热球团料层,使 800~900℃ 热球团得到冷却,温度降至150℃,冷空气同时被预热到 750~800℃。这部分热空气一部分作为燃料的二次空气,一部分作为点火用的一次空气,另一部分供均热段使用。焙烧段后半段和均热段的热废气利用抽风机送到鼓风干燥段。为了保证废气温度恒定、冷却空气一部分与冷却段热废气相混合,以保证温度符合要求。鼓风干燥段上有抽风机,以保持台车干燥段上为负压,可减轻烟气对环境的污染。预热段和焙烧段所需要的热量是由燃料燃烧供给的。由于采用了这种热废气的回流系统,带式焙烧机的热量利用率很高,但抽风系统需要许多耐高温(500~600℃)风机。台车算条采用耐热合金钢,并且采用厚度为 100mm 的铺边、铺底料,以减少台车的烧损。焙烧机有效长度为 54m,台车宽为 3m,机速为 1.6m/min,球层厚度为 300~320mm,设计年产量为 110 万吨。

图 5-35 为采用固体燃料的带式鼓风焙烧机。带式鼓风焙烧机可用于焙烧赤铁矿球团。台车上先加厚度为 100mm,粒度为 6.5~12.7mm 的球团矿作为铺底料,然后再铺一层同样粒度的无烟煤作为点火燃料,在抽风点火后,分四次加生球,每次加 200mm 厚,共 800mm。从下面向上鼓风,依靠生球表面的固体燃料进行焙烧。

采用鼓风焙烧法的目的是为了克服抽风焙烧的某些缺点,如焙烧球层的高度受到一定的限制(实际上不超过 500mm),过高时不管是抽风或鼓风干燥,水分都易于在下部或上部球层中发生冷凝,使生球粘连,透气性变坏。球层过高,在抽风的作用下,使得下层球受到较大的负荷而破裂,它的另一个优点是高温熔烧产物不与炉算接触,保持与上升气流同一温度,可以延长炉算寿命,可以不采用耐热合金钢作为炉算材料。鼓风焙烧机在工艺操作、设备运转和球团矿质量等方面尚存在一定的问题。

为了降低单位造价和生产费用,近年来,国内外带式焙烧机的单机能力迅速增长,现

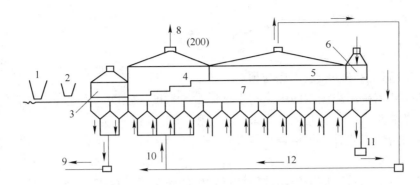

图 5-35 采用固体燃料的带式鼓风焙烧机
1—垫底料；2—点火燃料；3—点火段；4—焙烧段；5—冷却一段；6—冷却二段；7—加四层料；
8—放走的废气；9—热废气；10—放走的热气；11—废气；12—热气体

代化程度越来越高。首钢京唐 504m² 带式焙烧机，单机生产能力为年产 400 万吨球团矿。国外最大的带式焙烧机为 1000m²，单机生产能力为年产 600 万～800 万吨。

任务 5.6　竖炉焙烧

球团矿处理包括冷却、破碎和筛分。通常竖炉团矿的冷却是在竖炉本身的下部进行的。焙烧好的球团矿从上部焙烧带逐渐下移至冷却带，冷却风从炉子下部两侧鼓入，冷风与炽热的球团矿进行热交换，把球团矿冷却下来，并通过排料齿辊将冷球团矿排出炉外。

焙烧固结后的球团矿粒度大都很均匀，只需筛分出返矿即可直接供给高炉冶炼。竖炉球团矿的破碎，是指在焙烧不太正常时球团矿在炉内粘连或结块，通过设在炉内下部的齿轮破碎设备将其破碎。球团矿排出竖炉后已被破碎，只需设置筛分装置筛除粉末，筛上为成品矿，筛下为返矿。返矿经初磨后造球，也可不磨直接送烧结厂使用。

球团竖炉是一种按逆流原则工作的热交换设备：其特点是生产时生球由皮带布料机均匀地从炉口装入炉内，生球以均匀的速度连续下降。用煤气或重油作燃料，在燃烧室内充分燃烧。温度达到 1150～1250℃ 的热气体从喷火口进入炉内，自下而上与生球进行热交换。生球经过干燥和预热后进入焙烧区，球团矿在高温焙烧区进行固结反应，通过焙烧区再进入炉子下部的冷却区，焙烧后的热球团矿与下部鼓入的上升冷空气进行热交换而被冷却，最后从炉底排出。卸料辊可以将黏结成大块的球团矿破碎；通过燃烧室进入的空气量约为焙烧所需全部空气量的 35%，其余的空气从下部鼓入，使球团冷却的同时空气被加热到高温，进入焙烧区域。竖炉中生球与气流运动方向如图 5-36 所示。

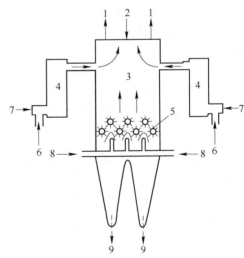

图 5-36　竖炉中生球及气体流动示意图
1—废气；2—生球；3—炉身；4—燃烧室；5—破碎辊；
6—燃烧；7—助燃风；8—冷却风；9—成品球团

小　结

（1）生球焙烧前必须经过干燥与预热。

（2）影响球团矿焙烧固结的因素有生球质量、粒度、强度、稳定性；燃料的性质；焙烧制度（焙烧温度、加热速度、高温保持时间和冷却速度）；气氛；添加剂。

（3）球团焙烧工艺有竖炉焙烧、链箅机—回转窑焙烧和带式焙烧。带式焙烧机法产量比例最大，竖炉最小。

（4）链箅机—回转窑焙烧球团法的特点：生球先置于链箅机上干燥和预热，然后进入回转窑内；球团在窑内滚动，高温固结，受热均匀，焙烧效果好，球团矿质量好；窑内气氛可控，可用于生产氧化性球团矿、还原性（金属化）球团矿。

（5）带式焙烧机热处理过程集中在带式机进行，沿焙烧机整个长度依次可分为干燥、预热、焙烧、均热和冷却等五个区域。

（6）球团矿处理包括冷却、破碎和筛分。

思考题

（1）生球干燥与预热应该注意的事项有哪些？
（2）影响球团矿焙烧固结的因素有哪些？
（3）链箅机—回转窑焙烧球团工艺有何特点？
（4）带式焙烧工艺有何特点？

学习情境 6

产品质量检验与鉴定及环境保护

学习任务：
(1) 学习烧结矿的质量检验、生球和球团矿质量检验和烟气净化；
(2) 知道高炉冶炼对烧结矿和球团矿的质量要求，能够正确鉴定烧结矿和球团矿的质量。

任务 6.1 烧结矿的质量指标与检验

评价烧结矿的质量指标主要有化学成分及其稳定性、转鼓指数、粒度组成与筛分指数、落下强度、还原性、低温还原粉化性、软熔性等。我国高炉冶炼用铁烧结矿烧结技术标准 YB/T 421—2005 见表 6-1 和表 6-2。

表 6-1 普通烧结矿烧结技术指标

项目名称		化学成分（质量分数）				物理性能			冶金性能	
碱度	品级	TFe/%	CaO/SiO$_2$	FeO/%	S/%	转鼓指数 (+6.3mm) /%	筛分指数 (-5 mm) /%	抗磨指数 (-0.5mm) /%	低温还原粉化指数 (RDI)（+3.15mm） /%	还原度指数 (RI) /%
		允许波动范围		不大于						
1.50 ~ 2.50	一级	±0.50	±0.08	11.00	0.060	≥68.00	≤7.00	≤7.00	≥72.00	≥78.00
	二级	±1.00	±0.12	12.00	0.080	≥65.00	≤9.00	≤8.00	≥70.00	≥75.00
1.00 ~ 1.50	一级	±0.50	±0.05	12.00	0.040	≥64.00	≤9.00	≤8.00	≥74.00	≥74.00
	二级	±1.00	±0.10	13.00	0.060	≥61.00	≤11.00	≤9.00	≥72.00	≥72.00

注：TFe、CaO/SiO$_2$（碱度）的基数由各生产企业自定。

表 6-2 优质铁烧结矿的技术指标

项目名称	化学成分（质量分数）				物理性能			冶金性能	
	TFe/%	CaO/SiO$_2$	FeO/%	S/%	转鼓指数 (+6.3 mm) /%	筛分指数 (-5 mm) /%	抗磨指数 (-0.5 mm) /%	低温还原粉化指数（RDI） (+3.15 mm) /%	还原度指数 (RI) /%
允许波动范围	±0.40	±0.05	±0.50	—					
指标	≥57.00	≥1.70	≤9.00	≤0.030	≥72.00	≤6.00	≤7.00	≥72.00	≥78.00

注：TFe、CaO/SiO$_2$（碱度）的基数由各生产企业自定。

6.1.1 烧结矿化学成分及其稳定性

成品烧结矿的化学成分主要检测：TFe、FeO、CaO、SiO$_2$、Al$_2$O$_3$、MnO、TiO$_2$、S、P

等。要求有用成分要高,脉石成分要低,有害杂质(如 S、P)要少。

烧结矿含铁品位要高,这是高炉精料的基本要求。通常,入炉含铁品位每增加 1%,高炉焦比降低 2%,生铁产量可提高 3%。在评价烧结矿品位时,应考虑烧结矿所含碱性氧化物的数量,因为这关系到高炉冶炼时熔剂的用量。为了便于比较,往往用扣除烧结矿中碱性氧化物的含量来计算烧结矿的含铁量。同时烧结矿的化学成分稳定性要好,如化学成分波动会引起高炉内温度、炉渣碱度和生铁质量的波动,从而影响高炉炉况的稳定,使焦炭负荷难以在可能达到的最高水平上保持稳定,不得不以较低焦炭负荷生产,使高炉焦比升高,产量降低。因此要求各成分的含量波动范围要小。

S 和 P 是钢与铁的有害元素,如入炉矿石中含 S 升高 0.1%,高炉焦比升高 5%,而且 S 使铸铁件易产生气孔,使钢在热加工过程中产生热脆现象,因此要求烧结矿的 S、P 等有害杂质含量越低越好。

烧结矿碱度一般用烧结矿中的(CaO/SiO_2)比值表示。一般将烧结过程中不加熔剂的烧结矿称为酸性烧结矿或普通烧结矿;加少量熔剂,但高炉冶炼时仍加较多熔剂的称为熔剂性烧结矿;加足熔剂,在高炉冶炼时不加或极少量加(调碱度用)的称为自熔性烧结矿。烧结矿的碱度在 1.5 以上,与酸性料组合成合理炉料结构的烧结矿称为高碱度烧结矿。

6.1.2 转鼓指数

转鼓指数是评价烧结矿常温强度的一项重要指标。目前,世界各国的测定方法尚不统一,表 6-3 列出了各主要产钢国的转鼓指数测定方法。我国烧结矿转鼓指数和抗磨指数的测定方法按 YB/T 5166 执行。

表 6-3 转鼓指数测定方法

项 目		中国 GB 8209—87	国际标准 ISO 3271—75	日本 JISM 3721—77	前苏联 ГOCT 15137—77
转鼓	尺寸/mm	$\phi1000 \times 500$	$\phi1000 \times 500$	$\phi914 \times 457$	$\phi1000 \times 500$
	挡板数/个	2,180°	2,180°	2,180°	2,180°
	挡板高/mm	50	50	50	50
	转速/r·min^{-1}	25 ± 1	25 ± 1	24 ± 1	25 ± 1
	转数/r	200	200	200	200
试样	烧结矿粒度/mm	10 ~ 40	10 ~ 40	10 ~ 50	5 ~ 40
	球团矿粒度/mm	6.3 ~ 40	10 ~ 40	>5	5 ~ 25
	试样重量/kg	15 ± 0.15	15 ± 0.15	23 ± 0.23	15 ± 0.15
结果表示	鼓后筛析/mm	6.3、0.5	6.3、0.5	10、5	5、0.5
	转鼓强度 T/%	>6.3	>6.3	>10	>5
	抗磨指数 A/%	<0.5	<0.5	<5	<0.5
	双样允许误差 ΔT/%	≤1.4	≤0.03T + 3.8	烧6.6,球0.8	烧2,球3
	ΔA/%	≤0.8	≤0.03T + 0.8	烧6.2	烧2,球3

转鼓指数用转鼓试验机测定。转鼓用5mm厚钢板焊接而成，转鼓内径φ1000mm，内宽500mm，内有两个对称布置的提升板，用50mm×50mm×5mm，长500mm的等边角钢焊接在内壁上（如图6-1所示），转鼓由功率不小于1.5kW·h的电动机带动，规定转速为（25±1）r/min，共转8min，200转。

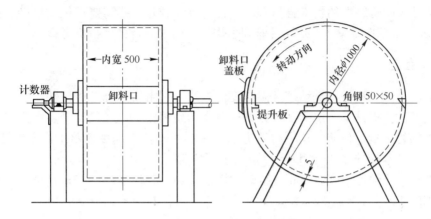

图6-1 转鼓试验机基本尺寸示意图

测定方法：取烧结矿试样（15±0.15）kg，以25.0~40.0mm、16.0~25.0mm、10.0~16.0mm三级按筛分比例配制而成，装入转鼓，进行试验。试样在转动过程中受到冲击和摩擦作用，粒度发生变化。转鼓停后，卸出试样用筛孔为6.3mm×6.3mm和0.5mm×0.5mm的机械摇动筛往复30次，对各粒级质量进行称量，并按式（6-1）、式（6-2）计算转鼓指数和抗磨指数：

转鼓指数：
$$T = \frac{m_1}{m_0} \times 100\% \tag{6-1}$$

抗磨指数：
$$A = \frac{m_0 - (m_1 + m_2)}{m_0} \times 100\% \tag{6-2}$$

式中 m_0——入鼓试样质量，kg；
　　m_1——转鼓后，大于6.3mm粒级部分的质量，kg；
　　m_2——转鼓后，6.3~0.5mm粒级部分的质量，kg。

T 和 A 均取两位小数值。T 值越高，A 值越低，烧结矿的机械强度越高。要求 $T \geqslant 70.00\%$，$A \leqslant 5.00\%$。

6.1.3 粒度组成与筛分指数

目前我国对高炉炉料的粒度组成检测尚未标准化，推荐采用方孔筛（mm）：5×5、6.3×6.3、10×10、16×16、25×25、40×40、80×80等七个级别，其中5×5、6.3×6.3、10×10、16×16、25×25、40×40等六个级别为必用筛，使用摇动筛筛分，粒度组成及各粒级的含量用百分数（%）表示。

筛分指数测定方法是：按取样规定在高炉矿槽下烧结矿加入料车前取原始试样100kg，等分为5份，每份20kg，放入筛孔为5mm×5mm的摇筛，往复摇动10次，以小于5mm的粒级质量计算筛分指数。

$$C = \frac{100 - A}{100} \times 100\% \tag{6-3}$$

式中 C——筛分指数,%;

A——大于5mm粒级的量,kg。

筛分指数表明烧结矿的粉末含量多少,此值越小越好。我国要求优质烧结矿筛分指数不大于6.0%,球团矿 $C \leqslant 5.0\%$。目前许多烧结厂尚未进行此项指标考核。

6.1.4 落下强度

落下强度是另一种评价烧结矿常温强度的方法,用来衡量烧结矿抗冲击的能力。它是将一定重量的试样提升至一定高度,让试样自由落到钢板上,经过反复多次落下,测定受冲击后产生的粉末量。目前,这一检测方法的试样量、落下高度、落下次数都很不统一,国内大都参照日本标准(JIS 8711—77)来进行检测。

测定方法:将粒度10~40mm烧结矿试样量(20±0.2)kg,从2m高处自由落到大于20mm厚的钢板上,往复四次,落下产物用10mm筛孔的筛子筛分后,取大于10mm部分的百分数作为落下强度指标。试验装置如图6-2所示。

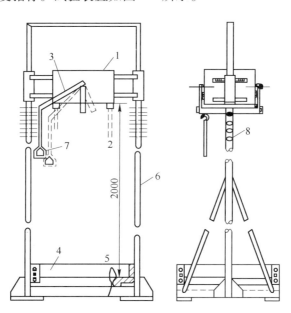

图6-2 落下试验装置

1—可上下移动的装料箱;2—放出试料的底门;3—控制底门的杠杆;4—无底围箱;
5—生铁板;6—支架;7—拉弓;8—调节装料箱高度的小孔

$$F = \frac{m_1}{m_0} \times 100\% \tag{6-4}$$

式中 F——落下强度,%;

m_0——试样总质量,kg;

m_1——落下四次后,大于10mm粒级部分的质量,kg。

优质烧结矿 $F = 86\% \sim 87\%$,合格烧结矿 $F = 80\% \sim 83\%$。

6.1.5 还原性

烧结矿的还原性是模拟炉料自高炉上部进入高温区的条件，用气体还原剂从烧结矿中夺取与铁结合氧的难易程度，以还原度和还原速率（即1min的还原度）表示。它是评价烧结矿（或铁矿石）冶金性能的主要质量指标。

不同还原性的测定方法见表6-4。我国参照国际标准方法制订出TB/T 13241—91 国家标准试验方法。其测定的基本原理是：将一定粒度范围的铁矿石试样置于固定床中，用由 CO 和 N_2 组成的混合气体，在900℃下等温还原，每隔一定时间称量试样质量，以三价铁状态为基准，计算还原3h后的还原度和原子比 O/Fe 仍等于0.9时的还原速率。其方法规定如下。

表6-4 铁矿石还原性测定方法

项 目		国际标准 ISO4695	国际标准 ISO7215	中国标准 GB/T 13241	日 本 JIS M8713	德 国 V.D.E
设 备		双壁反应管 $\phi_内 75$	单壁反应管 $\phi_内 75$	双壁反应管 $\phi_内 75$	单壁反应管 $\phi_内 75$	双壁反应管 $\phi_内 75$
试样	质量/g	500±1	500±1	500±1	500±1	500±1
	粒度/mm 烧结矿	10.0~12.5	10.0~12.5	10.0~12.5	20.0±1	10.0~15.0
	粒度/mm 球团矿	10.0~12.5	10.0~12.5	10.0~12.5	20.0±1	10.0~12.5
还原气体	成分 CO/%	40.0±0.5	30.0±0.5	30.0±0.5	30.0±0.5	40.0±0.5
	成分 N/%	60.0±0.5	70.0±0.5	70.0±0.5	70.0±0.5	60.0±0.5
	流量（标态）/L·min^{-1}	50	15	15	15	50
还原温度/℃		950±10	900±10	900±10	900±10	950±10
还原时间/min		到还原度60%为止 最长240min	180	180	180	到还原度60%为止 最长240min
还原性表示方法		1. 失氧量-时间曲线 2. $\left(\dfrac{dR_t}{dt}\right)_{40}$	$R_t = \dfrac{W_0 - W_F}{W_1(0.430\text{TFe} - 0.112\text{FeO})} \times 10^4 \%$	$R_t = \left(\dfrac{0.1W_1}{0.430W_2} + \dfrac{m_1 - m_t}{m_0 \times 0.430W_2} \times 100\right) \times 100\%$ $RVI = \left(\dfrac{dR_t}{dt}\right)_{40}$	同 ISO7215	同 ISO4695

6.1.5.1 试验条件

还原管：双壁 $\phi_内 75mm$，由耐热不起皮的金属板（如 GH44 镍基合金板）焊接而成，能耐900℃以上的高温，为了放置试样，在还原管中装有多孔板，还原管的结构和尺寸如图6-3所示。

试样：粒度10.0~12.5mm，质量500g；

还原气体成分：CO 30%±0.5%，N_2 70%±0.5%，H_2、H_2O 不超过0.2%，O_2 不超过0.1%；

还原温度：(900±10)℃；

还原气体流量（标态）：(15±1)L/min；

还原时间：180min。

6.1.5.2 试验程序要点

称取500g 10.0~12.5mm 经过干烘的矿石试样，放到还原管中铺平；封闭还原管顶部，将惰性气体按标态流量15L/min 通入还原管中，接着将还原管放入还原炉内（还原管与还原炉的配置如图6-4所示），并将其悬挂在称量装置的中心（此时炉内温度不得高于200℃），按不大于10℃/min 的升温速度加热。在900℃时恒温30min，使试样的质量 m_1 达到恒量。再以标态流量为15L/min 的还原气体代替惰性气体，持续180min。在开始的15min 内，至少每3min 记录一次试样质量，以后每10min 记录一次，还原3h 后，试验结束，切断还原气体，将还原管及试样取至炉外冷却到100℃以下。

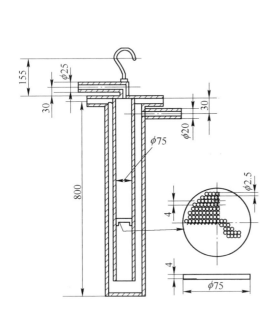
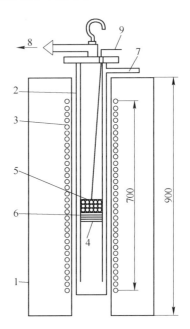

图6-3 还原管示意图
（多孔板：孔径2.5mm；孔距4mm；孔数241；
总孔面积1180mm²；板厚4mm）

图6-4 还原管与还原炉的配置示意图
1—还原炉；2—还原管；3—电热元件；4—多孔板；5—试样；
6—高 Al_2O_3 球；7—煤气入口；8—煤气出口；9—热电偶

6.1.5.3 试验结果表示

试验结果以还原度和还原速率指数表示。

（1）还原度计算。还原度以三价铁状态为基准（即假定铁矿石中的铁全部以 Fe_2O_3 形态存在，并将 Fe_2O_3 中的氧当作100%），还原一定时间后所达到的脱氧程度以 R_t 表示，单位为质量分数。计算公式如下：

$$R_t = \left(\frac{0.11W_1}{0.430W_2} + \frac{m_1 - m_t}{m_0 \times 0.430W_2} \times 100 \right) \times 100\% \tag{6-5}$$

式中 R_t ——还原 t 时间的还原度；

m_0——试样质量，g；
m_1——还原开始前试样质量，g；
m_t——还原 t 时间后试样质量，g；
W_1——试验前试样中 FeO 含量，%；
W_2——试验前试样的全铁含量，%；
0.11——使 FeO 氧化到 Fe_2O_3 时所需的相应氧量的换算系数；
0.430——TFe 全部氧化成 Fe_2O_3 时需氧量的换算系数。

标准规定，以 180min 的还原度指数作为考核指标，用 RI 表示。

（2）还原速率指数计算。根据试验数据作出还原度 R_t（%）与还原时间 T（min）的关系曲线，如图 6-5 所示。从曲线读出还原达到 30% 和 60% 时相对应的还原时间。

以三价铁为基准，用原子比 O/Fe 为 0.9（相当于还原度 40%）时的还原速率作为还原速率指数，以 RVI 表示，单位为 %/min。计算公式如下：

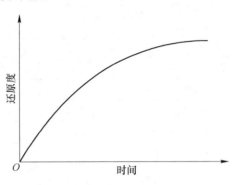

图 6-5　铁矿石还原度-时间曲线

$$RVI = \left(\frac{dR_t}{dt}\right)_{40} = \frac{33.6}{t_{60} - t_{30}} \tag{6-6}$$

式中　t_{30}——还原度达到 30% 时所需时间，min；
　　　t_{60}——还原度达到 60% 时所需时间，min；
　　　33.6——常数。

标准规定以还原速率指数 RVI 作为参考指标。

6.1.6　低温还原粉化性

烧结矿（或铁矿石）低温还原粉化性能是指矿石进入高炉炉身上部大约在 400~600℃ 之间的低温区还原时，产生粉化的程度。块矿粉化程度高，对高炉炉料顺行和炉内煤气流分布的影响很大。低温还原粉化性能的测定就是模拟高炉上部条件进行的。

低温还原粉化性能的测定方法有静态法和动态法两种。静态法的测定结果有良好的线性相关关系，且设备简单，转鼓工作条件好，密封问题易解决，操作较方便，试验费用较低，结果稳定，并可与还原性能测定使用同一装置，便于采用。因此，大多数国家都采用静态法。各国的测试方法见表 6-5。

参照国际标准，我国制定了 GB/T 13242—91 标准方法——铁矿石低温粉化试验静态还原后使用冷转鼓的方法。其基本原理是：把一定粒度范围的试样置于固定床中，在 500℃ 温度下，用 CO、CO_2 和 N_2 组成的还原气体进行静态还原。恒温还原 1h 后，将试样冷却至 100℃ 以下，在室温下装入小转鼓（$\phi 130 \times 200$mm）转 300 转后取出，用 6.3mm、3.15mm 和 0.5mm 的方孔筛分级，测定各筛上物的质量，用还原粉化指数（RDI）表示铁矿石的粉化性。

表 6-5 低温还原粉化率测定方法

项　　目		国际标准 ISO4696	国际标准 ISO4697	中国标准 GB/T 13242	日　本 JIS M8714	美　国 ASTM E1072
设备	还原反应管/mm	双壁 $\phi_{内}$ 75		双壁 $\phi_{内}$ 75	单壁 $\phi_{内}$ 75	双壁或单壁 $\phi_{内}$ 75
	转鼓尺寸/mm	$\phi 130 \times 200$	$\phi 130 \times 200$	$\phi 130 \times 200$	$\phi 130 \times 200$	$\phi 130 \times 200$
	转速/r·min^{-1}	30	10	30	30	30
试样	质量/g	500±1	500±1	500±1	500±1	500±1
	粒度/mm 烧结矿	10.0~12.5	10.0~12.5	10.0~12.5	20.0±1 或 15~20	9.5~12.5
	粒度/mm 球团矿	10.0~12.5	10.0~12.5	10.0~12.5	20.0±1	9.5~12.5
还原气体	组成/% $CO/CO_2/N_2$	20/20/60	20/20/60	20/20/60	26/14/60, 30/0/70	20/20/60
	流量(标态)/L·min^{-1}	20	20	15	20 或 15	
	还原温度/℃	500±10	500±10	500±10	500/550	500±10
	还原时间/min	60	60	60	30	60
	转鼓时间/min	10		10	30	10
	结果表示	$RDI_{+6.3}$ $RDI_{+3.15}$ $RDI_{-0.5}$	同 ISO4696	$RDI_{+3.15}$ 考核指标 $RDI_{+6.3}$、$RDI_{-0.5}$ 参考指标	$RDI_{-3.0}$ $RDI_{-0.5}$	$LTB_{+6.3}$ $LTB_{+3.15}$ $LTB_{-0.5}$

6.1.6.1 试验条件

（1）还原试验：

还原管：双壁 $\phi_{内}$ 75mm；

试样粒度：10.0~12.5mm，质量 500g；

还原气体：CO 和 CO_2 各为 20%±0.5%，N_2 60%±0.5%，H_2 < 0.2% 或 (2.0±0.5)%，H_2O < 0.2%，O_2 < 0.1%；

还原温度：(500±10)℃；

还原气体流量（标态）：(15±1) L/min；

还原时间：60min。

（2）转鼓试验：

转鼓：$\phi 130 \times 200$mm，鼓内壁有两块沿轴向对称配置的钢质提料板；

转速：(30±1) r/min；

时间：10min。

6.1.6.2 试验结果表示

试验结果用还原粉化指数表示还原和转鼓试验后的粉化程度。分别用转鼓后筛上得到的大于 6.3mm、大于 3.15mm 和小于 0.5mm 的物料质量与还原后转鼓前试样总质量之比的百分数表示，其指标为还原强度指数（$RDI_{+6.3}$）、还原粉化指数（$RDI_{+3.15}$）和磨损指数（$RDI_{-0.5}$）。计算公式如下：

$$RDI_{+6.3} = \frac{m_{D_1}}{m_{D_0}} \times 100\% \tag{6-7}$$

$$RDI_{+3.15} = \frac{m_{D_1} + m_{D_2}}{m_{D_0}} \times 100\% \tag{6-8}$$

$$RDI_{-0.5} = \frac{m_{D_0} - (m_{D_1} + m_{D_2} + m_{D_3})}{m_{D_0}} \times 100\% \tag{6-9}$$

式中 m_{D_0}——还原后转鼓前的试样质量，g；

m_{D_1}——留在6.3mm筛上的试样质量，g；

m_{D_2}——留在3.15mm筛上的试样质量，g；

m_{D_3}——留在0.5mm筛上的试样质量，g。

计算精确到小数点后一位数。

标准规定，试验结果评定以 $RDI_{+3.15}$ 为考核指标。

6.1.7 高温软化与熔滴性能

高炉内软化熔融带的形成及其位置，主要取决于高炉操作条件和炉料的高温性能。而软化熔融带的特性对炉料还原过程和炉料透气性将产生明显的影响。为此，许多国家对铁矿石软化性的实验方法进行了广泛深入研究。但是，到目前为止试验装置、操作方法和评价指标都不尽相同。一般以软化温度及温度区间，滴落开始温度和终了温度，熔融带透气性，熔融滴下物的性状作为评价指标。

各国对铁矿石软熔性能的测定方法见表6-6。熔融特性试验装置可模拟高炉内软熔带条件，进行矿石软化性、熔滴性及透气阻力的测定。

表6-6 铁矿石荷重软化及熔滴特性测定方法

项目		国际标准 ISODP7992	北京科技大学推荐	日本 神户制钢所	德国 阿亨大学	英国 ASTM E1072
试样容器/mm		$\phi125$ 耐热炉管	$\phi48 \times 300$ （石墨质）	$\phi75$ 带孔石墨坩埚	$\phi60$ 带孔石墨坩埚	$\phi90$ 带孔石墨坩埚
试样	预处理	不预还原		不预还原	不预还原	预还原60%
	质量/g	1200	料高65mm±5mm	500	400	料高70mm
	粒度/mm	10.0~12.5	10~12.5	10.0~12.5	7~15	10.0~12.5
还原气体	组成/% CO/N_2	40/60	30/70	30/70	30/70	40/60
	流量(标态)/L·min^{-1}	85	12	20	30	60
荷重/kPa		50	50~100	50	60~110	50
测定项目评定标准		ΔH、Δp、T $R=80\%$时 Δp $R=80\%$时 ΔH	ΔH、Δp、T $T_{1\%、4\%、10\%、40\%}$ T_s、T_m、ΔT	ΔH、Δp、T $T_{10\%}$ T_s、T_m、ΔT	ΔH、Δp、T T_s、T_m、ΔT	ΔH、Δp、T Δp-T曲线 T_s、T_m、ΔT

注：$T_{1\%、4\%、10\%、40\%}$—收缩率1%、4%、10%、40%时的温度；T_s、T_m—压差陡升温度及滴落开始温度；ΔT—软熔区间；Δp—压差；ΔH—变形量；R—还原度。

通常测定时，将规定粒度和质量的矿石试样经预还原60%（或不经预还原）后，放入底部有孔的石墨坩埚内，试样上下各铺有一定厚度的焦炭。焦炭除起直接还原和渗碳作用外，下层焦炭还起气体交换、调整试样高度和保持渣、铁滴落的作用；然后上面荷重 50~100kPa，并从下部通入还原气体（$CO/N_2 = 30/70$）。还原气体自下而上穿过试样层，按一定的升温速度升温至 1400~1500℃。以试样在加热过程中某一收缩值的温度，表示开始软化温度和软化终了温度；以还原气体压差陡升的拐点温度表示熔化开始温度，第一滴液滴落下时温度表示滴落温度；以气体通过料层的压差变化表示软熔带对透气性的影响；滴落在下部接收试样盒内的熔化产物，冷却后经破碎分离出初渣和铁，测定相应的回收率和化学成分，作为评价熔滴特性指标。过程中的有关测定参数（测定温度、料层收缩率及还原气体通过料层的压差）和还原气体成分都可自动记录和分析显示出来。

宝钢已将还原度和低温度还原粉化率作为烧结矿的日常考核指标。铁矿石的高温冶金性能均只用于实验研究，尚无统一指标。大量研究认为，在今后一定时期内，铁矿石的高温性能应努力达到：3h 时 900℃ 的还原度应大于或等于 65%；低温还原粉化率 $RDI_{+6.3}$ 应低于 30%；烧结矿、球团矿的开始软化温度高于 1100℃，开始熔滴和滴落温度分别高于 1350℃ 和低于 1500℃。

任务 6.2　生球和球团矿质量检验

6.2.1　生球质量的检验

生球质量的好坏对成品球团矿质量有着重要意义。质量良好的生球是获得高产、优质球团矿的先决条件。优质的生球必须具有适宜而均匀的粒度，足够的抗压强度和落下强度以及良好的抗热冲击性。

6.2.1.1　生球粒度组成

生球的粒度组成用筛分方法测定。我国所用方孔筛尺寸（mm）为 25×25、16×16、10×10、6.3×6.3，筛底的有效面积有 400mm×600mm 和 500mm×800mm 两种。可采用人工筛分和机械筛分。筛分后，用不同粒度（mm）：大于 25.0、16.0~25.0、10.0~16.0、6.3~10.0 和小于 6.3 的各粒级的质量分数表示。

生球粒度组成一般为：10~16mm 粒级的含量不少于 85%，大于 16mm 粒级和小于 6.3mm 粒级的含量均不超过 5%，球团的平均直径以不大于 12.5mm 为宜。国外控制在 10~12.7mm。这样可使干燥湿度降低，提高球团的焙烧质量和生产能力。同时，在高炉中由于球团粒度均匀，孔隙度大，气流阻力小，透气性好，还原速度快，为高炉高产低耗提供有利条件。若粒度过大，不仅降低球团在高炉内的还原速度，而且使造球机产量降低，也限制了生球干燥和焙烧过程的强化。

6.2.1.2　生球的抗压强度

生球的抗压强度是指其在焙烧设备上所能承受料层负荷作用的强度，以生球在受压条件下开始龟裂变形时所对应的压力大小表示。抗压强度的检验装置大多使用利用杠杆原理制成的压力机，如图 6-6 所示。

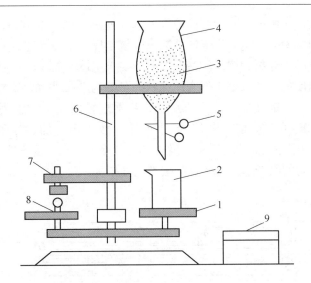

图 6-6 生球抗压强度的检验装置
1—天平；2—烧杯；3—铸铁屑；4—容器；5—夹头；6—支架；7—压头；8—试样；9—砝码

选取 10 个粒度均匀的生球（一般直径为 11.8~13.2mm 或 12.5mm 左右），逐个置于天平盘的一边，另一边放置一个烧杯，通过调节夹头让容器中的铁屑不断流于烧杯中，使生球上升与压头接触，承受压力。至生球开始破裂时中止加铁屑，称量此时烧杯及铁屑的总质量，即为这个生球的抗压强度。以被测定的 10 个生球的算术平均值作为生球的抗压强度指标。

生球的抗压强度指标：湿球不小于 90N/个，干球不小于 450N/个。

德国鲁奇公司研究所除了检验生球平均强度外，还检验生球的残余抗压强度。其方法是：选取 10 个粒度均匀的生球，在事先选择好的高度上（生球自此高度落下既不破裂也不变形）自由落下三次，然后做抗压试验，破裂时的压力作为残余抗压强度，残余抗压强度应大于原有强度的 60%。该所认为残余抗压强度更能真实反映抗压能力。

6.2.1.3 生球的落下强度

生球由造球系统到焙烧系统过程中，要经过筛分和数次转运后才能均匀地布在台车上进行焙烧，因此，必须要有足够的落下强度以保证生球在运输过程中既不破裂又很少变形。其测定的方法是：取直径接近平均直径的生球 10 个，将单个生球自 0.5m 的高度自由落到 10mm 厚的钢板上，反复进行，统计直至生球破裂时为止的落下次数，求出 10 个生球的算术平均值作为落下强度指标，单位为"次/个"。

生球落下强度指标的要求与球团生产过程的运转次数有关，当运转次数小于 3 次时，落下强度最少应定为 3 次，超过 3 次的最少应定为 4 次。

由于生球的抗压强度和落下强度分别与生球直径的平方成正比和反比，因此，作为两种强度试验的生球，都应取同等大小的直径，并接近生球的平均直径，以更具代表性。

6.2.1.4 生球的破裂温度

在焙烧过程中，生球从冷、湿状态被加热到焙烧温度的过程是很快的。生球在干燥时便会受到两种强烈的应力作用——水分强烈蒸发和快速加热所产生的应力,从而使生球产生破裂或剥落,结果影响球团的质量。生球的破裂温度就是反映生球热稳定性的重要指标,是指生球在急热的条件下产生开裂和爆裂的最低温度。要求生球的破裂温度越高越好。

检验生球破裂温度的方法依据干燥介质的状态可分为动态法和静态法。动态法更接近生产实际,故普遍采用。目前测定方法还未统一,我国现采用电炉装置测定,如图6-7所示。方法为:取直径为10~16mm的生球10个或20个,放入用电加热的耐火管中。每次升温25℃,恒温5min,并用风机鼓风,气流速度控制为1.8m/s(工业条件时的气流速度)。以10%的生球呈现破裂时的温度值作为生球的破裂温度指标。一般要求破裂温度不低于375℃。

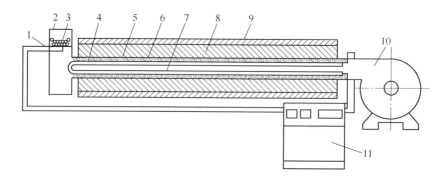

图6-7 生球破裂温度的测定装置

1—热电偶;2—耐火管;3—试样;4—耐火纤维;5—氧化铝管;6—2×4kW·h铁铬铝电炉丝;
7—刚玉管;8—耐火材料;9—钢壳;10—鼓风机;11—可控硅温控装置

6.2.2 球团矿质量指标与检验

球团矿质量评价内容包括化学成分及其稳定性、常温机械性质(转鼓强度、抗压强度、粒度组成)和高温冶金性能(还原性、低温还原粉化性、软熔性及还原膨胀性能等)。目前,虽然国内外球团矿冶金特性的检验方法很多,有的也已列入国际标准,但还没有完整统一的检测方法和标准,仅是各企业根据各自的原料特性、生产方式和用途规定了各自的指标并进行测定。现将2000年国内外典型球团矿质量指标列于表6-7。

表6-7 2000年国内外典型球团矿质量指标

生产工艺	竖炉焙烧			带式焙烧		链箅机—回转窑		巴西	秘鲁	印度		瑞典
生产企业	济钢	新疆八一	杭钢	鞍钢	包钢	承钢	首钢矿业	CVRD	马尔康纳	KIOLC	MANDOV	LKAB
$w(TFe)/\%$	64.18	62.35	58.26	63.19	62.59	56.05	64.56	65.87	65.40	65.00	64.00	67.50
$w(FeO)/\%$	0.61	1.29	0.79	0.58	2.11	—	—	0.57	1.30	0.50	0.5	0.40
$w(SiO_2)/\%$	4.98	6.52	7.02	8.13	7.87	7.26	5.50	2.46	3.83	3.50	2.20	0.95
CaO/SiO_2	0.19	0.37	0.26	0.05	0.10	0.11	0.05	1.04	0.12	0.03	1.18	1.10
抗压强度 /N·个$^{-1}$	3410	2170	3021	2412	—	1546	1809	3339	2275	2246	2387	2283
$RSI/\%$							17.64	13.0	15.68			14.9
$RI/\%$				71.9			63.99	70.0	61.78			66.7
$RDI_{-3.15}/\%$							22.21	10.0	9.33			

球团矿化学成分、转鼓指数、落下强度、筛分指数以及还原性、低温还原粉化性、软熔性等项要求和检测方法可参见烧结矿质量鉴定的内容。此外，球团矿的检测还包括抗压强度、还原膨胀性能。

6.2.2.1 球团矿的抗压强度

抗压强度是检验球团矿的抗压能力的指标。一般采用压力机测定。我国现执行的检验方法是按照 ISO 700 标准制订的 GB/T 14201—93 标准，方法是：随机取样 1kg，每一次试验应取直径 10.0～12.5mm 成品球团矿 60 个，逐个在压力机上加压。压力机的荷重能力不小于 10kN，压下速度恒定在 10～20mm/min 之间（推荐 (15±1) mm/min），以 60 个球破裂时最大压力值的算术平均值作为抗压强度。

球团矿的抗压强度（直径 10～12.5mm 时），对于大于 1000m^3 的高炉，应不小于 2000N/个；小于 1000m^3 的高炉，应不小于 1500N/个。

6.2.2.2 球团矿还原膨胀性能

球团矿的还原膨胀性能以其相对自由还原膨胀指数（简称还原膨胀指数）表示。所谓还原膨胀指数，是指球团矿在 900℃ 等温还原过程中自由膨胀，还原前后体积增长的相对值，用体积分数表示。

GB/T 13240—91 标准规定：通过筛分得到粒度为 10～12.5mm 的球团矿 1kg，从中随机取出 18 个无裂纹的球作为试样，用水浸法先在球团矿表面上形成疏水的油酸钠水溶液膜，测定试样的总体积，然后烘干进行还原膨胀试验。试验装置如图 6-8 所示。

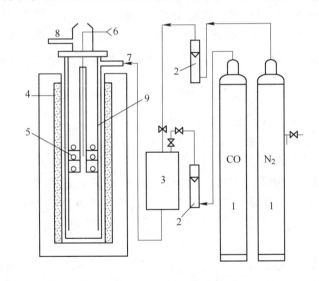

图 6-8　还原膨胀试验装置示意图
1—气体瓶；2—流量计；3—混合器；4—还原炉；5—试样；6—热电偶；
7—煤气进口；8—煤气出口；9—试样容器

球团矿分三层放置在容器中，每层 6 个，再将容器放入还原管（$\phi_内$ 75mm）内，关闭还原管顶部。将惰性气体按标态流量 5L/min 通入还原管，接着将还原管放入电炉中（炉内温度不高于200℃)。然后以不大于10℃/min的升温速度加热。当试样温度接近900℃时,增大惰性气体的标态流量到15L/min。在(900±10)℃下恒温30min。然后以等流量的还原气体(成分要求与还原性测定标准相同:30% CO 和70% N_2)代替惰性气体,连续还原1h。切断还原气,向还原管内通入标态流量为5L/min的惰性气体,而后将还原管连同试样一起提出炉外冷却至100℃以下。再把试样从还原管中取出,用水浸法测定其总体积。用还原前后体积变化计算出还原膨胀指数RSI,用体积分数表示(精确到小数点后一位):

$$RSI = \frac{V_1 - V_0}{V_0} \times 100\% \tag{6-10}$$

式中 V_0——还原前试样的体积,mL;

V_1——还原后试样的体积,mL。

球团矿理想的还原膨胀率应低于20%,高质量的球团不大于12%。

对于铁矿石还原性、低温还原粉化性和还原膨胀性的测定,每一次试验至少要进行两次。两次测定结果的差值应在规定的范围内,才允许按平均值报告出结果,否则,应重新测定。一次试验无法考察其结果是否存在大的误差或过失,难以保证检验信息的可靠性。

任务6.3 烟气净化

烧结与球团生产(即铁矿粉造块生产)过程中,不可避免地会产生大量灰尘和有害气体(主要是SO_2),成为钢铁冶金工业中造成大气污染最严重的环节之一。据调查统计,烧结厂粉尘排放量约占整个钢铁企业总排尘量的13%左右,每生产1t烧结矿约产生6000~15000m³废气和20~40kg粉尘。此外还有噪声污染、水污染和热污染等。为了保护环境,走可持续发展的道路,烧结与球团生产中的废物治理与综合利用已引起普遍重视。

6.3.1 烧结与球团生产废气及其对环境的影响

含尘废气是烧结与球团生产中产生的主要污染。

带式抽风烧结工艺流程产生的废气来源主要有:混合料在烧结机上烧结时,从烧结机下部抽风箱排出的含有粉尘、烟尘、SO_2和NO_x的高温废气(100~200℃),通常称为机头废气;烧结矿在卸矿、破碎、筛分、冷却、储存和转运过程中产生的具有一定温度(80~150℃)的含尘废气,通常称为机尾废气;此外,各种烧结原料在卸落、加工处理、储运过程中产生的常温含尘废气,以及混合料系统中产生的具有一定温度的水汽-粉尘共生的废气。

球团生产中,不同设备的生产工艺产生废气情况有所不同。其中竖炉球团工艺主要是焙烧时产生的含尘烟气(竖炉内球团相互挤压、摩擦和少量生球爆裂,产生粉尘,随上升的烟气逸出炉顶),以及竖炉下部排料点等所产生的含尘废气。带式焙烧机废气类似于带式烧结机,但因料层透气性好、固体燃料使用较烧结少,所以废气含尘量及SiO_2和NO_x含量较烧结少。

烧结与球团生产废气的特性:

(1)废气量大,含尘浓度高,粉尘量大,对大气的污染严重。烧结机机头废气量约为机尾废气量的 3 倍。机头废气含尘浓度（标态）约为 $0.5 \sim 6g/m^3$，机尾、整粒废气含尘浓度（标态）约为 $5 \sim 15g/m^3$。而竖炉每生产 1t 球团矿，大约排出烟气 $3000 \sim 4000m^3$，粉尘量约 $10 \sim 30kg/t$。

（2）废气中 SO_2 含量高。生产使用的各种原料（铁矿粉、燃料、熔剂）都含有硫分，在烧结或焙烧过程中，物料中的绝大部分硫被燃烧，生成 SO_2，通过烟囱排入大气。钢铁企业的 SO_2 主要是从烧结厂排出的。每生产 1t 烧结矿，排出含 SO_2 的烟气 $3600 \sim 4300m^3$，浓度一般为 $(500 \sim 1000) \times 10^{-6}$。

（3）粉尘含铁高，具有回收利用价值。粉尘含有全铁量一般在 50% 左右，回收后可以作为原料，重新使用。

（4）含湿量高，露点温度高。混合料（或生球）的水分蒸发后，进入烟气，使烟气的含湿量高；因烟气中含有 SO_2，其露点较高。

生产废气所造成的污染面广，粉尘危害大。鞍钢东鞍山烧结厂测定资料显示：三台 $75m^2$ 烧结机，在室外风速为 $1.0 \sim 2.6m/s$，机尾除尘系统未使用时，其排出粉尘的污染，距尘源 100m 处，大气中平均浓度为 $1.12mg/m^3$，距尘源 2000m 处，平均浓度为 $0.5mg/m^3$，均超过国家卫生标准的要求。大量的含尘废气未经处理直接排入大气，必然使大气环境质量下降，给人类带来健康危害和经济损失，对生态环境产生破坏。

排放的粉尘、烟尘、SO_2 和 NO_x 等污染大气，经呼吸道侵入人体，从而对细胞、组织、器官产生影响。烧结粉尘中小于 $10\mu m$ 的飘尘占 30%~40%，游离 SO_2 含量约为 5%~7%。由于尘粒细小，具有很强的吸附力，很多有害气体，如 SO_2，能以尘微粒为载体被带入人的肺部，沉积于肺泡中或被吸收到血液、淋巴液中，促成各种慢性疾病的发生，常见的如"矽肺"、慢性支气管炎、肺气肿等。此外，进入大气中的 SO_2 形成酸沉降后，危害更大，如使建筑物、各种机器和设备受到腐蚀，缩短其使用寿命。

6.3.2 生产废气的治理与综合利用

随着环保要求的不断提高，我国烧结厂废气治理技术通过实验研究、生产实践和国外先进技术的引进也有普遍提高，粉尘污染源的治理面迅速扩大。在不断改进原料条件、生产工艺使废气原始含尘量减少的同时，除尘技术装备水平和效果也在逐步提高，生产废气治理取得了很大进展。但对石灰系统粉尘污染的有效治理、阵发性尘源（如翻车机卸矿）和开放性尘源（如原料场的堆、取料机）的控制、烧结机烟气有害气体（SO_2、NO_x）的净化回收等有待进一步解决。

生产废气排放前的治理主要是进行除尘。由于烧结机废气（机头废气）量大，含尘浓度较高，且含有一定数量细尘，因而必须采用高效除尘装置。目前，国外烧结厂广泛采用电除尘器。实践表明，电防尘器除尘效果好、除尘效率高。除尘后废气的含尘浓度（标态）可降至 $100mg/m^3$ 以下，除尘效率一般保持在 95% 左右，高的达 99%。而国内烧结厂基本上都采用旋风或多管除尘器，其效率最高只有 80%~90%。烧结机废气防尘后，含尘浓度（标态）一般为 $400 \sim 1000mg/m^3$，最低（标态）达 $300mg/m^3$，含尘浓度仍然较高，超出国家排放标准（$150mg/m^3$）。宝钢、唐钢设置有电除尘器。宝钢引进日本技术，$450m^2$ 烧结机配用两台 ESCS 型 $260m^2$ 宽极距超高压电除尘器，自投产以来，其排除口含尘浓度（标态）均低于 $80mg/m^3$。唐钢 $24m^2$ 烧结机采用我国自行设计制造的 H51D 型

36m² 电除尘器，除尘效率达到 98.28%，排放浓度（标态）为 22.9mg/m³，有效地保证了废气排放达到国家标准。电除尘器虽然具有效率高、阻力低的优点，但造价也高。可根据具体情况，逐步推广使用。

发达国家机尾废气除尘普遍采用电除尘器，我国大中型烧结机采用大型集中除尘系统，并较多采用电除尘器以达到排放标准，小型烧结机多采用多管防尘器。此外，各烧结厂对原料系统、混料系统、整粒系统的废气进行了不同程度的治理，根据含尘废气的特性采用相应的除尘系统和除尘设备。除尘后得到的粉尘含铁量高，经回收系统送入配料室，作烧结原料使用，提高了效益。唐钢 2 台 24m² 烧结机采用电除尘器治理烧结废气，每年多回收粉尘 884t，年回收达 2895t，折合价值 18.75 万元，同时减少了大气污染，改善了车间操作条件和附近居民的环境质量。

烧结球团生产排放的有害气体以 SO_2 为主。为了控制污染所采取的措施有：
（1）采用低硫燃料，或采取燃料脱硫。
（2）建高烟囱排放，进行高空扩散稀释。
（3）烧结烟气脱硫，同时可回收 SO_2。

目前国内外大都以高烟囱扩散为主。这种方法简单易行，比较经济，一般高度在 100m 以上，烟囱越高 SO_2 的落地浓度越低。日本一些钢铁企业在 20 世纪 70 年代研究并投入采用了几种烟气脱硫方法，如石灰石膏法、氨硫铵法、钢渣石膏法等，治理效果明显，但投资大，经济效益低，目前尚未广泛应用。

小　　结

（1）评价烧结矿的质量指标主要有化学成分及其稳定性、转鼓指数、粒度组成与筛分指数、落下强度、还原性、低温还原粉化性、软熔性。

（2）评价球团矿质量主要方面：化学成分及其稳定性、常温机械性质（转鼓指数、抗压强度、粒度组成）、高温冶金性能（还原性、低温还原粉化性、软熔性及还原膨胀性能等）。

思　考　题

（1）评价烧结矿球团矿质量的指标主要有哪些，怎样测定，如何表示？
（2）生球质量检验的主要项目有哪些，怎样测定，如何表示？
（3）烧结球团生产对环境产生哪些影响？

参 考 文 献

[1] 王筱留. 钢铁冶金学（炼铁部分）[M]. 北京：冶金工业出版社，2000.
[2] 王悦祥. 烧结矿与球团矿生产[M]. 北京：冶金工业出版社，2006.
[3] 傅菊英. 烧结球团学[M]. 长沙：中南工业大学出版社，1996.
[4] 唐贤容，王笃阳，张清岑. 烧结理论与工艺[M]. 长沙：中南工业大学出版社，1992.
[5] 罗吉敖. 炼铁学[M]. 北京：冶金工业出版社，1994.

冶金工业出版社部分图书推荐

书　名	作　者	定价(元)
冶金专业英语（第3版）	侯向东	49.00
电弧炉炼钢生产（第2版）	董中奇　王　杨　张保玉	49.00
转炉炼钢操作与控制（第2版）	李　荣　史学红	58.00
金属塑性变形技术应用	孙　颖　张慧云　郑留伟　赵晓青	49.00
自动检测和过程控制（第5版）	刘玉长　黄学章　宋彦坡	59.00
新编金工实习（数字资源版）	韦健毫	36.00
化学分析技术（第2版）	乔仙蓉	46.00
冶金工程专业英语	孙立根	36.00
连铸设计原理	孙立根	39.00
金属塑性成形理论（第2版）	徐春阳　辉　张弛	49.00
金属压力加工原理（第2版）	魏立群	48.00
现代冶金工艺学——有色金属冶金卷	王兆文　谢　锋	68.00
有色金属冶金实验	王　伟　谢　锋	28.00
轧钢生产典型案例——热轧与冷轧带钢生产	杨卫东	39.00
Introduction of Metallurgy 冶金概论	宫　娜	59.00
The Technology of Secondary Refining 炉外精炼技术	张志超	56.00
Steelmaking Technology 炼钢生产技术	李秀娟	49.00
Continuous Casting Technology 连铸生产技术	于万松	58.00
CNC Machining Technology 数控加工技术	王晓霞	59.00
烧结生产与操作	刘燕霞　冯二莲	48.00
钢铁厂实用安全技术	吕国成　包丽明	43.00
炉外精炼技术（第2版）	张士宪　赵晓萍　关　昕	56.00
湿法冶金设备	黄　卉　张凤霞	31.00
炼钢设备维护（第2版）	时彦林	39.00
炼钢生产技术	韩立浩　黄伟青　李跃华	42.00
轧钢加热技术	戚翠芬　张树海　张志旺	48.00
金属矿地下开采（第3版）	陈国山　刘洪学	59.00
矿山地质技术（第2版）	刘洪学　陈国山	59.00
智能生产线技术及应用	尹凌鹏　刘俊杰　李雨健	49.00
机械制图	孙如军　李　泽　孙　莉　张维友	49.00
SolidWorks实用教程30例	陈智琴	29.00
机械工程安装与管理——BIM技术应用	邓祥伟　张德操	39.00
化工设计课程设计	郭文瑶　朱　晟	39.00
化工原理实验	辛志玲　朱　晟　张　萍	33.00
能源化工专业生产实习教程	张　萍　辛志玲　朱　晟	46.00
物理性污染控制实验	张　庆	29.00